| 滿載全彩照片與品系解說、飼養 & 繁殖資料 |

樹 蛙 超 圖 鑑
How to keep Tree Frogs

一本掌握樹蛙特徵及飼養知識

從「蛙」常常在日本短歌或俳句之中出現這點便可得知,自古以來,牠們就是描述日本風景或季節所不可或缺的生物。本書從各種蛙類之中,挑出與日本人生活息息相關的日本雨蛙,以及其他於樹上或葉子棲息的「樹蛙」為各位做介紹。雖然有些種類的飼養難度較高,但如果本書能幫助各位讀者成功飼養牠們,那將是作者的無上榮幸。

CONTENTS

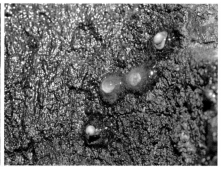

Chapter 1

樹蛙的基礎知識

—— Basic of Tree Frogs ——

首先要介紹的是蛙類的基礎知識。
大家對於牠們的認識是否正確呢？
要先了解牠們的分類與生態才能好好飼養喲。

01 飼養的魅力與心理建設

不知道大家小時候是否曾到野外抓過青蛙，並想將牠們養在家裡呢？如果是有一定年紀的人（接近1926年～1989年這段期間出生的人），應該都有過在什麼都不懂，也不知道該餵什麼的情況下飼養青蛙，結果不小心養死的經驗吧。許多沒養過蛙類的人也都有「很難飼養」、「不知道該餵什麼」的印象。不過，近年來，拜大環境之賜，我們有更多機會飼養牠們，比方說，我們隨時都能搜尋到飼養蛙類的大量資訊，也有不少商店開始銷售蛙類的餌料，能在家裡飼養的物種也愈來愈多。

這次介紹的樹蛙（Tree frog）有許多顏色鮮豔的種類、可愛的種類、樣貌奇特的種類、動作很可愛的種類，讓人們一看就很想飼養。雖然不少物種的飼養門檻很高，但愈是困難，便愈是讓人想要挑戰看看。雖然無論是誰都能輕鬆照料，但是在飼養爬蟲類、兩棲類、魚類的時候，與其說是飼養寵物，不如說是在「研究」與「了解」牠們，尤其樹蛙更是值得研究與探索的寵物。

因此一開始要事先聲明的是，如果你是「想要一直觸摸牠們」、「想要常常看到牠們動來動去」或「無法忍受寵物突然死亡」的人，對於飼養蛙類這件事最好三思而後行。若想滿足上述的願望，建議養狗或貓咪這類相當適宜當作寵物的毛孩就好。因為飼養蛙類，尤其是樹蛙，是種要先做好通常不太能「觸摸牠們」，牠們也不會「一直動來動去」，而且「一不小心就會生病（甚至是死掉）」的心理準備，才能夠飼養的生物。

紅眼樹蛙。日本國內的繁殖個體數量不像流通量那麼高。大部分在日本市場流通的都是進口的繁殖個體或體色變異的個體

02 前言

蛙類的範疇非常複雜，飼養方式也五花八門，所以這次將針對「樹蛙」介紹。許多人聽到「樹蛙」都以為是住在樹上的蛙類，但其實應該將樹蛙想成「主要生活圈不在地面」的蛙類比較貼切。換言之，樹蛙不一定都是住在高高的樹上，比方說，日本雨蛙幾乎不會出現在樹上，反而在葉子（稻葉）上或民宅的牆面比較容易看到牠們的身影，但牠們的確是樹蛙的一種。

飼養這類樹蛙最困難的部分就是「溫度」。牠們之所以選在樹上或葉子上生活，是因為這類環境的通風良好，就算是十分炎熱的夏季，森林中還是有許多通風與涼快的場所。

簡單來說，大部分的樹蛙都無法在「高溫潮濕」的環境生存。由於現代的夏季都非常炎熱，所以若是沒有任何措施，能飼養的種類與地區可說是少之又少。反之，許多樹蛙都不怕寒冷，有些爬蟲類需要在冬天的時候，幫牠們準備保暖工具，但是在秋天或春天（有部分物種可撐過冬天）就比較不需要替牠們操心。

飼養蛙類雖然沒有像飼養蠑螈或山椒魚那麼輕鬆，卻也不像「飼養大多數的爬蟲類」那麼辛苦。不過，降低溫度比升高溫度困難，通常都得持續開冷氣。這或許會使某些人認為「不開冷氣就無法飼養樹蛙」，但其實不是這樣的，只有某些物種需要如此費心，而有些物種則只要花點心思，就能享受飼養的樂趣。大家可參考後續介紹的工具以及各種樹蛙的講解，選擇飼養方式與自己的生活方式相吻合的物種。

種類繁多的紅眼樹蛙

03 分 類 與 生 態

「蛙類」這種生物在分類上屬於「兩生綱無尾目」。說得白話一點，就是「沒有尾巴的兩棲類生物」，與「有尾類（有尾目）」的蠑螈或山椒魚這類有尾巴的兩棲類生物互為對照組。

放眼全世界，除了南極大陸之外，全球的大陸都有蛙類分布，而這次收錄的樹蛙若從後續介紹的種來看，總共可區分成5個科。這5個科的樹蛙都很需要水，所以雖然牠們不是住在水裡的生物，卻只能生活在有「水」的地方，例如河川、池子或雨水積成的水窪。尤其不管體型較大或較小的物種，通常都會棲息在河邊。河邊通常是通風與溫度相對較低的場所，對樹蛙來說，是得天獨厚的環境。與其用文字描述，大家不妨空閒時去郊區走走，實際感受一下山裡的空氣，應該就能知道樹蛙喜歡怎麼樣的環境。

此外，標高也是一大參考重點。不少人一聽到馬來西亞的蛙類，就會想到「東南亞的熱帶雨林」，不過，東南亞當然也有海拔較高的高山與高地，許多蛙類（尤

彷彿是用步行方式移動的虎紋猴樹蛙

其是樹蛙）也都在這類海拔較高的場所棲息。雖然後續在說明物種的時候會附上國名，但千萬不要只憑國名就擅自決定飼養牠們的理想溫度。

在食性方面，蛙類幾乎都吃昆蟲（肉食），而且除了部分物種之外，幾乎都只吃會動的生物。反過來說，牠們不會將靜止不動的生物視為餌料，這點在樹蛙身上尤其顯著；而且就算是會動的生物，只要沒做出樹蛙喜歡的動作，樹蛙就不會有反應。一般來說，飼養牠們的時候都會餵蟋蟀，但有許多物種對於蟋蟀沒有反應，對蒼蠅或蝴蝶這類會飛的生物反而興趣盎然（後續介紹餌料的時候會進一步說明）。近年來，通常都是以人工餌料餵食爬蟲類或兩棲類，唯獨樹蛙不是這樣，只有少部分的樹蛙會吃人工餌料，其餘的則幾乎完全不吃。希望大家能夠把餵樹蛙吃人工餌料這件事，當成「永遠不會實現的夢想」就好。

白氏樹蛙是能在住宅周遭就近觀察的物種

04 身 體

　　蛙類身體相較於同為兩棲類的有尾目更為獨特，甚至也比大部分的爬蟲類更加特別。2頭身與3頭身的牠們擁有適合爬樹的修長四肢，並具有發達的吸盤與蹼；很多物種的後肢還非常強壯，所以跳躍力十足。另外，蛙類的前肢除了用來爬樹或附著在牆壁上，有些種類還會用前肢將咬在嘴巴上的獵物推進口中。水棲性的負子蟾（Surinam toad）雖然不是樹蛙，但是前肢的趾尖就像是感測器一樣，能將接觸到的東西塞進嘴裡。某些鋤足蟾蜍則可利用後肢的凸出物挖掘地面。光是蛙類的四肢就有許多值得研究的趣味之處。

　　牠們的體表與有尾目一樣沒有鱗片，取而代之的是具備魚類才有的黏液（黏膜），許多蛙類的黏液具有或多或少的毒性，比方說，常見的日本雨蛙就會從皮膚的黏膜分泌毒液。不過，大家也不需要因此太過緊張，只要別用摸過牠們的手抓食物來吃或揉眼睛就不會有問題，並且要記得把手洗乾淨就好了。皮膚比較敏感或有外傷的人，可帶上丁晴手套（類似手術專用手套）再摸牠們。

　　要注意的是在飼養的時候，牠們的毒性可不只是會造成人類的危險。任何蛙類都會在遇到生命危險時分泌毒液。除了被抓住或被追逐的時候，身體虛弱時通常也會分泌大量毒液，所以飼養的個體若是因為生病，而在生態缸的給水器裡死掉，身上的毒液有可能會滲入其中，假設這時候一起飼養的其他蛙類來玩水，那麼後果真的會不堪設想。

　　不管有沒有毒素，蛙類的皮膚都非常敏感與纖細，所以千萬不要過度接觸或是將牠們拿在手上把玩。大部分的爬蟲類都不喜歡被人類觸摸，尤其是蛙類（牠們對於人類的觸摸不是無感就是討厭）。不過，若是只在清理生態缸的時候移動牠們，那當然不會有問題。總之就是盡可能不要觸摸牠們。

蛙類的身體（日本雨蛙）

沒有尾巴　　　　　　頭部　眼睛

後肢

蹼　　　　　前肢

吸盤

樹蛙用語介紹

WC 與 CB	WC是Wild Caught（Catch的過去式）的縮寫，指的是野生捕捉的個體，若只寫WC或WC個體，就是指野生捕捉的個體。CB則是Captive Breeding（或Captive Bred）的縮寫，意指人工繁殖。若只寫CB或CB個體，則是人工繁殖個體的意思。
幼體	時常與「幼生」這個代表蝌蚪的名詞混為一談，但其實幼體指的是蛙類的小時候，長大之後會稱為「亞成體」或「成體」。嚴格來說，幼生也可以稱為幼體，但為了避免混淆，建議大家有所區分。
水霧系統 （保濕系統）	英文為Mist system，指的是自動噴水霧的裝置。在過去通常都使用外國製造的產品或利用逆浸透膜過濾雜質所使用的加壓幫浦，後來也有一些玩家自行製作了水霧系統，近年也已經有廠商開始製造這類水霧系統。這對一次需要照顧多個生態缸的人、常常不在家或希望多噴幾次水霧的人來說，可謂一大福音。
產地	英文為locality，有不少物種是以產地為特徵，例如森樹蛙或紅眼樹蛙就是其中一種，而且有些人即使飼養了同一種蛙，卻更喜歡依照產地分開飼養，所以標明產地的個體非常珍貴，也最好能夠事先標記清楚。

挑選物種與
打造飼養環境

—— from pick-up to keeping settings ——

在讀過Chapter 1之後，如果你還沒有打退堂鼓，
還想「試著飼養樹蛙」，那麼就可以
開始打造飼養環境與挑選喜歡的個體。
打造環境與挑選個體都要三思而後行，
千萬不要太過躁進唷！

01 挑選物種與帶回家的方法

進入理想的季節（5～8月）之後，就很有機會在生活用品量販店或大型熱帶魚專賣店見到日本雨蛙、施氏樹蛙以及來自外國的白氏樹蛙，但基本上，其他蛙種通常需在爬蟲類、兩棲類專賣店購買。話說回來，樹蛙算是比較特殊的分類，所以就算是專賣店，也只能在販售物種較為廣泛的店家購買。反過來說，能提供如此多物種的店家通常都很了解該怎麼照顧樹蛙，所以不管提出什麼問題，大概都能簡單明快地回答，跟他們購買也相對較安心。有些人會覺得專賣店的門檻很高，但愈是新手或擔心自己不懂如何飼養的人，愈應該向專賣店購買。有什麼問題就盡量問，千萬不要不懂裝懂。

近年來，有許多爬蟲類促銷活動，趁著這個機會購買也是不錯的選擇，但販售蛙類的攤位（店家）通常不多，而且有些店家也擔心在移動與展示兩棲類時出現閃失，所以不會展示兩棲類的生物。此外，參加活動的店家大多極為忙碌，會讓人覺得難以開口發問，所以從上述幾點來看，直接到店家慢慢選購才是更加理想的方式。

直到2023年2月為止，日本還沒有任何法規禁止透過網路或電話銷售兩棲類，所以若居家附近沒有專賣店，可試著藉由這類管道購買。不過，在盛夏或隆冬時期購買其實風險很大。此外，剛開幕的店家可能還不熟悉出貨流程，所以最好選擇運送經驗老道的店家。如果居住在無法於隔天上午到貨的地區，就盡可能避免在盛夏或隆冬時期購買，這樣才能保護自己與店家的權益。

關於怎麼將蛙類帶回家，如果是在熟悉的店家購買，可全權交由對方處理。但由於店家無法得知每個人的返家方式以及路上的氣溫變化，舉例來說，如果得在大熱天長時間走路或騎自行車的情況，建議大家自行準備保冷袋或保冷劑。如果家裡沒有保冷劑，可以去超商買罐冰涼的飲料代替。反之，如果是冬天，則可以買個暖暖包替蛙類保溫。大部分爬蟲類專賣店都會準備保冷劑或暖暖包這類輔助商品，若

是擔心的話，可以在購買前先問問店家，但自己準備還是最為理想。然而要注意的是，如果準備的是懷爐，蛙類有可能會被燙傷，所以要特別留意放置懷爐的位置。若不知道該放在哪裡，也可以請店家幫忙確認。

白氏樹蛙。是常見的樹蛙之一

02 準 備 飼 養 箱

雖然樹蛙對飼養環境的要求很高,但其實照料牠們的設備比想像中單純,而且只需要使用種滿植物的「生態缸」就能享受飼養樂趣。接下來為大家介紹簡單的飼養方式。

至少該準備的工具包含:

□ 通風,又能蓋緊蓋子的箱盒
　（不能是扁平狀）

□ 底材

□ 溫度計

□ 保溫設備

□ 淺底的給水器

□ 流木或橡木樹皮等

只要準備上述工具,就能飼養大多數的物種,使用方法請參考設置生態環境的插圖範例。

一提到飼養箱,大部分的人都會想到要「挑選具有一定高度的物件」。這種想法固然沒錯,而且若是選擇扁平的樣式（高度不足的飼養箱）,對於樹蛙來說也太過可憐了。不過,若是太過極端的高度,例如你若是問我能否選擇寬10×深10×高50cm的縱長飼養箱（柱狀）?答案當然是No。

假設要照料5隻紅眼樹蛙,建議大家準備寬30×深30×高45cm的飼養箱,或60×30×36cm（高）這種60cm的標準型飼養箱。如果問我上述哪種飼養箱比較理想,大部分的人都會選擇前者,但筆者覺得兩者都不錯。或許大家會覺得後者形狀橫長,但其實高度也有36cm,對於中小型樹蛙來說,算是足夠的高度。此外,雖然很多人會推薦30cm方塊狀（寬30×深30×高30cm）的飼養箱,但不知道為什麼,很少人推薦60cm的標準型（高36cm）。或許是因為60cm標準型飼養箱看起來比較狹窄吧,也或許最根本的問題在於寬60cm的飼養箱很占空間,但無論如何還是要請大家放下「橫長＝不適當」的成見。

在選擇飼養箱的時候,要特別注意通風的問題,這次也會在多處特別強調「飼養箱不能太悶熱」這點。許多人以為理想的濕度對蛙類很重要,這當然是正確的,

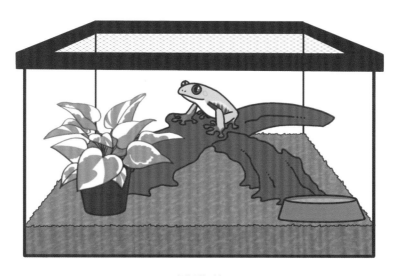

飼養環境示例

但悶熱與保濕完全是兩回事，所以建議大家選購常見的爬蟲類飼養箱或塑膠飼養箱，以確保蛙類能居住在通風良好的環境。使用壓克力材質的多孔板當蓋子當然也可以，但其實多孔板比想像中不透氣，所以反而要避免過度潮濕的問題。此外，如果選擇有一定高度的壓克力飼養箱，不透氣的多孔板會導致飼養箱底部的空氣容易濕悶。有些壓克力飼養箱的側板會開一

些洞，但這些洞的數量不足，所以若要使用具有一定高度的壓克力飼養箱，不妨自行在兩邊的側板鑽孔。

至於底材方面，可根據飼養型態決定。基本上就是以打造「陽春版生態缸」為目標，也就是具有一定的排水性與保濕性即可，此時可選擇爬蟲類專用的土壤底材（可保濕的類型）或赤玉土（中～小顆粒）、鹿沼土或由上述底材混拌而成的陶

粒土，但反倒不推薦很多人使用的較細的椰纖土。

在餵食樹蛙時，可將活昆蟲撒進飼養箱之中。大部分樹蛙的習性都是往獵物直衝再捕食，所以有些個體會用力撞向底材，導致底材跑進牠們嘴裡。此時，若是選擇稍微乾燥的椰纖土當底材會發生什麼事？答案就是像人類在沒有水的情況下吃了滿口「黃豆粉」一樣。整個口腔會因為沾附細微的粉粒而變得乾燥。覺得不舒服的樹蛙會為了取出口中異物而不斷地甩頭或者在地面上掙扎，使得更多底材跑進嘴裡……。於是，喉嚨就會被底材堵住，甚至因而窒息。

基於這一點，所以才不推薦大家使用較細的椰纖土。或許會有人問「難道土壤或赤玉土就不會發生相同的問題嗎？」然而這類底材與椰纖土最大的差異在於顆粒的大小與比重。顆粒愈大，愈不容易黏在口腔裡，而且土壤的比重較重，所以不會揚起或飄到樹蛙嘴裡。有些人會擔心樹蛙吞進太大顆的土壤，但如果連這都要擔心，那恐怕就沒辦法飼養了，而且筆者從未看過因為吞食赤玉土或土壤而生病或死亡的樹蛙。如果真的不放心的話，建議大家用鑷子夾取餌料餵食（不過這得經過訓練，樹蛙才肯吃）。類似砂漠的砂子或其他耐旱生物使用的底材，更不用說當然不適合。

此外，其他的用品則可自行選擇。比方說，可以購買一些看起來不錯的流木或橡木樹皮，組成適當的形狀，但請記得利用矽利康或束帶固定。因為流木頗具重量，不小心倒塌的話，有可能會直接壓死樹蛙，至於橡木樹皮，由於重量較輕所以還好。如果擔心這類事情發生，建議大家牢牢固定相關的裝飾品。

一般來說都會設置溫度計，以了解飼養箱中的溫度，而要不要設置濕度計就見仁見智。

雖然只是筆者的主觀意見，但就算告訴大家「將箱中濕度維持在50～60%之間」，又有多少人能夠做得到呢？恐怕就連筆者自己都做不到，因為我們一天能照

顧樹蛙的時間有限，不太可能在其餘的時間都為了維持濕度而不斷地加濕或除濕。既然如此，那到底該怎麼判斷與調整濕度呢？建議大家不要太過計較濕度的百分比，而是要以「自己的眼睛」以及個體的動作判斷狀況，依此調整水霧的分量以及噴水霧的時間點。比方說，底材是濕潤或乾燥？牆面的水滴多久才會乾掉？只要肯花時間照顧，就一定能夠回答這些問題，而且就算飼養經驗不足，心中應該還是會有答案。如此一來就會知道該怎麼調整水霧的分量，以及怎麼調整噴水霧的間隔時間。例如，看到樹蛙動不動就跳進給水器

裡面，就會知道「飼養箱裡的環境可能有點乾燥，所以要增加水霧的分量」。其實在後面照料的章節也會提到，筆者不是禁止大家設置濕度計，而是希望大家著重在以眼睛觀察，不要被濕度計的數值所困。這個道理也能應用於溫度計，建議大家不要過度依賴溫度計，而是多觀察樹蛙的動作（例如牠們待在飼養箱的哪個位置），察覺牠們是否覺得過冷或過熱。

葉子上面的紅眼樹蛙

03 利 用 飼 養 箱 飼 養

說到放入飼養箱飼養，可能有很多人會想到的是箭毒蛙類，但其實樹蛙也適合放在飼養箱中照料。尤其非洲樹蛙的同類、小型的雨蛙或樹蛙，更是可以一邊想像牠們的棲息地，一邊在箱裡擺放植物，享受飼養的樂趣。

不過，要在以多種植物作為裝飾的飼養箱裡照料體型接近10cm的大型個體，比想像中困難，因為這些裝飾用的植物很可能沒兩下就被破壞。大型蛙類的動作通常較粗枝大葉，而且很喜歡趴在葉子上，所以大小足以放進飼養箱的植物常會因承受不住重量而應聲折斷。

接著為大家介紹適合的植物。一般來說，要依照蛙類喜歡的環境選擇適當的種類，但同時又必須具有一定的韌性。比方說，樹蛙很喜歡待在葉子的背面，所以可挑選多種葉子大且硬的天南星科植物（黃金葛或蔓綠絨等）作為飼養箱的裝飾物，不僅具有充足的面積也相當穩定。此外，常用來飼養箭毒蛙的中小型鳳梨科植物（彩葉鳳梨或鶯歌鳳梨等）也非常適合。

鳳梨科植物有許多可以依附在流木或橡木樹皮生存的物種，方便移動又容易照顧，建議大家多多使用。另外，鳳梨科植物也能栽種在下一節介紹的碳化橡木上，只要花點心思就能享受各種樂趣。

如果是「任何植物都養不活的人」，建議選擇人工植物（fake plant）。近年來，市面上出現不少品質與外觀都很優秀的人工植物，大家不妨試用看看。唯一要注意的是，請使用主流製造商販售的「飼養生物專用植物」，以避免發生狀況時，得自行承擔責任。許多非主流製造商的產品都傳出「一沾到水，就溶出染料」的災情，所以在放入飼養箱開始使用之前，請務必再三檢查。

至於底材方面，只需要依照一般的飼養方式選擇就不會有太大的問題。不過，太過粗糙的底材可能很難種植物，所以若打算放置植栽，建議使用園藝土壤、赤玉土、陶粒土。如果覺得種植物太難，或希望之後方便照料的話，將植物連同盆栽一起放進飼養箱也是個不錯的辦法。總之，

若整個飼養箱內部都布滿太過纖細的植物，中大型的蛙類會失去棲身之處（停留的地方），所以最好準備一些較粗的流木或橡木樹皮，以及適當地安排這些裝飾物的位置（騰出適宜的間隔），讓牠們能有休息的地方。

飼養箱範例

蔓綠絨

待在人工植物上面休息的紅背藍眼樹蛙

04 挑選造景材料的方法

　　無論哪種造景或裝飾，都不需要特別為樹蛙準備避難所或居所。因為基本上，樹蛙都躲在葉子、流木的後面或是斜立的橡木樹皮之間，所以不用購買市售的避難所（放在地面的類型）。除了植物之外，通常會使用流木或橡木樹皮造景，如果能夠妥善安排這些造景材料的位置，當然是非常理想，但千萬不要過量。因為多數樹蛙的動作都粗枝大葉，也常以跳躍的方式來移動，所以若飼養箱裡塞滿橡木樹皮或

流木，牠們就無法隨心所欲地移動，甚至有時還會因此受傷。建議大家在配置時，最少得預留一半以上、空無一物的自由空間。此外，流木不要選擇太細或太多分枝的種類。雖然有些小型的貓眼蛙能夠用前肢抓住細枝，輕鬆地在上面漫步，但大多數的物種都無法停留在太細的樹枝上，一緊張就會不小心被夾在枝條間而受傷。選擇樹枝時，可以挑選跟樹蛙身體一樣粗，或稍微細一點的種類，簡單來說，就是

在葉子上休息的果凍樹蛙

待在流木上的紅眼樹蛙

「能撐住牠們身體」的樹枝。有些人會在意流木或橡木樹皮上的黴菌，但其實多數都不會對生物造成任何影響。除非嚴重到長滿黴菌，否則無需擔心。

　　「碳化橡木」這種讓橡木板碳化的商品也常用於飼養寵物。過去比較常見的是蛇木板，但是當蛇木被列為保育樹種之後，就變得愈來愈難取得。蛇木板很容易因為潮濕而氧化，會滲出含有咖啡色素與雜質的水，所以不是那麼方便使用，而碳化橡木板則可以解決這些問題。在飼養箱的左右兩側與後面貼碳化橡木板，也可讓比較敏感的樹蛙心情沉靜下來。此外，碳化橡木板也很容易進行鑽孔或裁切等加工，方便直接栽種植物在上面，因此能夠創造出更多有趣的用途。

在鳳梨科的葉子上休息的烏盧古魯樹蛙

碳化橡木板

05 保 溫 設 備 與 照 明 設 備

保溫設備的挑選有一定的難度,而且每個飼養者的選擇方式都不一樣。雖然每種蛙喜好的溫度不同,但以這次介紹的物種來看,只要維持在18～28℃之間就不會有問題,就算超出這個範圍2～3℃也不會有太大的問題。

一般來說,從馬來西亞或者是馬達加斯加島進口的物種偏好低溫(18～25℃左右),從中南美洲進口的物種則較喜歡高溫(23～28℃左右)。非洲大陸或日本的物種則介於兩者中間,在上述的溫度之下飼養應該都沒問題。

如果在空調24小時運作的房間飼養就萬無一失。要注意的是,冬季通常很乾燥,所以最好增加噴水霧的次數。不過,這次介紹的物種只需利用空調讓室溫維持在20℃以上,就不需要另外增加保溫設備。

如果不打算一直開著空調,請先確定室溫最低時段(半夜)的溫度約為幾℃。大部分的蛙類都喜歡涼爽的環境,而且也不太怕寒冷,因此只要室內溫度不會低於15℃,應該就無需添購保溫設備,可以在全年都不加溫(但夏天還是要避免中暑)的情況下飼養。巨人猴樹蛙或白線猴樹蛙等棲息於南美的物種偏好較高的溫度,對牠們來說,15℃左右的室溫有點不利活動,所以需要替牠們稍微提高溫度。不過其他物種大多都可以這個室溫為基準,再依據飼養箱的大小準備適當的保溫設備。

就算是日本關東一帶或關東以南的地區,也只要有電熱板就能幫助蛙類度過寒冬。如果1塊電熱板沒辦法拉高溫度,可使用2塊,然後將電熱板貼在飼養箱背面或側面即可。如果貼在底層,會因為底材而無法讓飼養箱的上層,也就是樹蛙的活動空間變得暖和,所以若貼在背面或側面,就算整個飼養箱內的溫度還是偏低,個體也能自行靠近電熱板周遭取暖。

如果天氣實在太冷,則可以使用「遠紅外線加熱板」或陶瓷加熱板這類功率稍強的保溫設備,但此時一定要先確認飼養箱內的溫度與乾燥程度。因為太過悶熱的環境會讓牠們瞬間失去活力,一不小心也

可能導致死亡。由於蛙類不會因為有點冷就立刻死掉，所以建議大家從「偏弱的保溫」開始替牠們保暖，如果還是不夠暖，再換稍微大型一點的保溫設備。對蛙類來說，曬燈或夜間保溫燈這種燈泡類的設備通常都太熱，而且很容易讓局部空間變得特別暖和。在飼養蛙類的時候，通常需要噴水霧，而這類保溫燈在開啟之後，若是被水滴濺噴到會容易破裂相當危險，所以絕對不適合作為保溫設備，也不建議大家使用。

接著介紹照明設備，近年來以樹蛙為主，許多人認為蛙類也應該照射紫外線。尤其是在飼養蠟猴葉泡蛙或巨人猴樹蛙的幼體時，此外飼養其他物種的幼體時，若讓牠們照射紫外線，有可能會養得更好，所以行有餘力的話，建議大家安裝紫外線燈。筆者還是業餘飼養者的時候（差不多15～16年前），大部分的人都認為蛙類「不需要照射紫外線」，而且也都養得很不錯（我覺得）。不過現在回想起來，如果當時讓牠們曬曬紫外線，或許可以讓飼養個體的狀態更好。雖然這次沒介紹查科角蛙（*Chacophrys pierottii*），但是有資料指出，若不讓查科角蛙的蝌蚪照射紫外線，上陸之後的畸型率（出現脊椎變形個體的機率）非常高。因此就這點來看，讓蛙類照射紫外線應該是有利而無害。當然，若讓牠們接受金屬鹵化物燈或高功率紫外線螢光燈的紫外線肯定會適得其反，所以請選擇紫外線光強度為中～弱的燈具，例如各製造商生產的螢光燈款式，或是近年來常於市面出現的LED燈款式。要注意的是，螢光燈本身會放熱，所以若因為螢光燈而導致飼養箱內溫度上升，可能會使蛙類失去活力，造成無法挽回的損失，因此不管是使用紫外線燈還是其他的照明設備，都要留心箱內的溫度變化。就這點來看，不太會放熱的LED燈款式絕對是討厭高溫之蛙類的最佳拍擋，也期待之後能有更多這類款式的燈具問世。

平日的照顧

—— e v e r y d a y   c a r e s ——

接下來要介紹照顧樹蛙的方法。
飼養寵物時，餵餌和替牠們打掃環境都是必要的工作，
而飼養樹蛙當然也不例外。
一如「興趣在於享受付出時間和精力的過程」這句話，
只有覺得照顧牠們很有趣的人才是真正的飼養者。

01 餌 料 的 種 類 與 餵 餌

如前述Chapter 1的〈分類與生態〉（p.8）所介紹，大部分的蛙類都是肉食性（吃昆蟲），而這次介紹的樹蛙更可說是100％肉食性。基本上，這些樹蛙都吃體型小到可以放入口中的昆蟲或節肢動物，所以飼養牠們的時候，也要準備差不多大小的餌料。

而在專賣店能購買到的樹蛙喜歡吃的飼料，大概就是蟋蟀、櫻桃紅蟑螂、蠟蟲（包含成體的蛾）、果蠅等。大部分的專賣店都會銷售不同大小的蟋蟀與櫻桃紅蟑螂，所以可根據飼養的個體體型挑選。具體的挑選方法是選擇比個體嘴巴寬度稍小的餌料（或體型再小一點的餌料）。喜歡一口吞食獵物的樹蛙，對於體型太小的餌料通常不太感興趣，也不像日本蟾蜍或箭毒蛙會吐出舌頭捕食獵物，所以建議大家選擇適當的大小。

不同種的樹蛙對於蠟蟲也會有不同的反應。由於住在地面的蛙類或壁虎很喜歡蠟蟲，但許多樹蛙卻意外地對蠟蟲興致缺缺，因此建議大家在餵食的時候，仔細觀察樹蛙的情況。假設樹蛙不吃，你又不嫌麻煩的話，可將蠟蟲先養大成蛾後（大蠟蛾），再試著餵食。

接下來的話題有點偏離主題，不過對於住在樹上的生物，尤其是夜行性的生物來說，空中飛舞的蛾或蒼蠅也是牠們在自然環境中的主食之一。若以日常生活中的場景為例，請大家試著回想一下佇立在鄉間小路的自動販賣機或超商。應該有不少人在夏天看過一大群雨蛙為了捕食蛾，而聚集在自動販賣機或超商附近的情景。對蟋蟀或蟑螂視若無睹，對飛在空中的生物特別感興趣的野生樹蛙，往往會對灰蝶或弄蝶這類捕捉到的餌料特別有反應。此外，也可以在釣具店購買作為釣餌的「蠕蟲（綠繩的幼蟲）」，把蠕蟲養成成體之後再餵食。雖然對人工繁殖的個體來說，不太需要擔心餵食的問題，但如果是飼養多為野生個體的樹蛙時，可以試著使用上述的方式。

餵食的間隔與樹蛙的物種、體型大小有關，但接近成體的樹蛙大概只需要2～

3天餵食一次。每隻樹蛙的進食量，以與個體體型相當的大小的活昆蟲為基準，約餵食5～10隻左右就足以維持生存所需（大多數只餵食3～5隻活昆蟲也沒問題）。此外，飼養樹蛙與飼養其他寵物一樣，盡可能不要將餌料留在飼養箱之中，如果沒吃完也要夾出來。尤其要避免將擁有強壯下顎的蟋蟀長時間放在箱內，以免樹蛙被咬傷。

餵食時，基本上是將餌料均勻撒在飼養箱內，已經習慣被餵食的樹蛙則可拿著鑷子給餌。當樹蛙在晚上活動時，可利用鑷子把餌料夾到牠們眼前（眼睛能夠聚焦的位置），然後晃一晃，樹蛙有可能會跳過來吃，有機會大家不妨試看看。白氏樹蛙、日本雨蛙、亞馬遜牛奶蛙、蠟猴葉泡蛙等通常願意吃鑷子夾來的飼料，但巨人猴樹蛙、紅眼樹蛙的野生個體、樹蛙類等則不太願意被餵食，要想成功飼養牠們，可能得耗費不少精神。

作為餌料用的市售家蟋蟀

摘掉後腳的黃斑黑蟋蟀

02 樹 蛙 的 照 料

　　大部分的蛙類都不喜歡人類的干擾，尤其這次介紹的樹蛙更是如此。照料牠們時，只需要餵食、掃掉特別顯眼的糞便、噴水霧、更換給水器的水、打掃飼養箱的牆壁就夠了。

　　至於餵食的部分，依照前一節的建議即可，而掃掉糞便的部分，則可視情況而定，可連同底材一起更換。如果飼養的是糞便較不明顯的小型樹蛙，最好換掉全部的底材。

　　水霧的部分，可依飼養的種類以及房間的環境、飼養箱的通風性選擇，尤其得根據飼養箱的通風狀況決定噴水霧的次數，如果飼養箱的保濕力不錯，卻噴了太多水霧，可能會讓個體一直待在高溫潮濕的環境；反之，如果飼養箱的通風狀況良好，一天噴3～4次水霧，隔天牆面的水滴就會完全蒸發的話，代表噴水霧的次數恰當。建議大家自行觀察飼養箱內部是否乾燥，再設定噴水霧的次數。有喜歡稍微乾燥環境的種類，也有喜歡較潮濕環境的種類，請參考後面第5章各物種的說明頁

面隨機應變。

　　更換給水器的水也是非常重要的部分，請大家每天都幫牠們換水。有時候會發現樹蛙在夜晚活躍期間頻繁地泡入水裡。之所以會這麼做，除了保濕之外，也為了從皮膚或泄殖腔攝取大量的水分，所以給水器的水若不乾淨，樹蛙就會連同髒汙（例如阿摩尼亞這類毒素）一併攝入，造成所謂的「居家中毒」，也就是「自爆（自滅）」。

　　為了避免飼養個體發生中毒的情況，請務必時常更新給水器的水。尤其若是一次飼養多隻個體的話，必須準備多個大型給水器以及頻繁地換水。

　　最後則是打掃飼養箱的牆面。大部分的人應該都不太重視這個部分，但其實它的重要性不亞於更換給水器的水，因為樹蛙通常都會待在飼養箱的牆面。也因如此，多數時候會待在牆面上脫皮，故脫下來的皮有部分會黏在牆面（大部分的樹蛙會將其吃掉）。就算不脫皮，從皮膚分泌的黏膜也會沾在牆上，所以若是放著不打

掃就會孳生細菌，而當樹蛙待在牆面時，就有可能因為皮膚沾染到細菌而導致罹患傳染病。如果發現樹蛙的腹部或腳底發炎，十之八九是這個緣故。因此，建議大家定期以濕紙巾或餐巾紙擦拭牆面，保持清潔。

雖然只要每天噴水霧或利用噴霧系統自動噴霧，牆面就比較不會卡汙垢，但是在飼養大型的蛙類時，最好還是盡可能擦拭牆面。

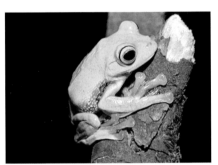

分布於馬來西亞的黑蹼樹蛙

從馬達加斯加進口的牛眼蛙的同類（紅背藍眼樹蛙）

喜歡環境溫度稍高的白線猴樹蛙

飼養大型蛙類時，一定要常常打掃

03 確認健康狀況及疑難雜症

　　如果在每日照顧蛙類的同時也仔細地觀察的話，通常可以及早發現是否出現異常（生病或受傷），也能迅速處理，避免情況惡化。蛙類都是敏感脆弱的生物，一旦出現異樣，不要說幾天，甚至1～2天內就可能死亡，所以一發現問題就要盡早處理。在此為大家介紹幾種異常情況。

1　皮膚異常（偏紅、潰爛）

2　外傷

3　身體異常膨脹

4　食欲不振

　　飼養蛙類時，一定會遇到1的皮膚問題。蛙類是沒有鱗片的生物，所以無法抵擋任何的傷害，只要一點點小意外，皮膚就會出現異常。最常見的就是皮膚偏紅的症狀，這種時候通常是因為感染了細菌。野生的紅眼樹蛙或巨人猴樹蛙這類剛進口的野生個體，時常會出現這樣的症狀，與其說是在運送過程中發病，不如說是在當地存放時，被關在充滿細菌的飼養箱之中所導致。此外，在前面照料的章節也提過，牆面或給水器不夠乾淨時，就有可能

會在這些地方感染細菌，尤其老舊塑膠飼養箱通常都充滿細小刮痕，這些刮痕更是容易藏汙納垢。如果及早發現，或許還可以利用一些偏方（例如治療熱帶魚的藥物等）醫治，但如果已經惡化，很可能就救不活，甚至還有可能感染同住的其他蛙類，所以每天的預防措施比後續的治療更為重要。若是真的發現某隻個體出現症狀，首先就要將牠隔離（或將其他蛙類移到新的箱盒）；並避免在打掃受到汙染的飼養箱之後，又接觸其他飼養箱；不然就是在所有飼養箱都打掃完畢之後，再清潔受到汙染的那一個，總之就是不要讓細菌蔓延至其他地方。

　　至於2的外傷，因為蛙類中有許多會跳來跳去的物種，所以常撞傷鼻尖。此外，也有些是在進口過程中擦撞到容器，導致鼻子與頭頂破皮。飼養者不可能解決後者的問題，所以擔心自己無法妥善照料的人，就盡可能不要購買這一類的個體。如果發現養在飼養箱的個體常常撞傷鼻子，可試著用紙包住飼養箱，讓牠們冷靜

下來，或利用假花從內側蓋住玻璃牆面，讓牠看不見外面，如此應該多少能改善情況。只要不是太大的傷口，就算放著不管，通常會在不斷地脫皮之後自然痊癒。讓飼養箱的環境稍微保持乾燥，也能讓牠們的傷口早點癒合。也有人會使用低刺激性的軟膏治療，但這充其量是偏方，在此就不多做說明，有興趣的讀者可自行詢問專賣店。

3的身體異常膨脹則是很少在飼養過程中發生的症狀。如果發現牠們的身體（尤其是下腹部）鼓得跟氣球一樣，通常都是因為生病。初期時，很難判斷牠們是變胖還是生病，但隨著病情惡化，會膨脹到皮膚變得通透，如果情況繼續加劇，牠們有可能無法進食，然後餓死。這種症狀至今還有許多謎團，既不知道病因，也沒有確實有效的治療方法。一般認為，有可能是給水器的水質惡化所造成，但這似乎也不是主要的原因。也有人認為是因為飼養過程中的營養不良（微量元素不足），導致內臟或代謝產生問題，但目前沒有明確的證據，所以只能呼籲各位飼養者多加注意。

至於4的食欲不振，很多人會以為只是個體的狀態不佳，但其實引起這類症狀的原因很多。個體狀態不佳只是其中一種，比方說，「休眠或冬眠時期」、「進食頻率的問題」都是原因之一。尤其大部分飼養爬蟲類的人，雖然都知道爬蟲類有休眠與冬眠的習性，但是很少人在飼養蛙類的時候會注意到這點。其實許多蛙類都有這種習性，特別是來自四季分明或雨季與乾季明顯的國家的物種更是如此。比方說，許多非洲樹蛙的同類會在進入乾季之後，鑽到土裡，避免身體變得乾燥。此時的牠們不想進食，而且也不會因此變瘦。蠟猴葉泡蛙也有相同的習性。如果不知道這點，還一直調整飼養箱的環境，或帶牠們去醫院，反而會適得其反，所以請大家務必記住蛙類也有休眠或冬眠的習性。至於「進食頻率」的部分，樹蛙在吃了一隻餌料之後，通常得花費一段時間才能將其完全吞嚥，因此很多不曉得這點的飼養者

在發現個體不願意連續吃下餌料時，就誤以為牠們「食欲不振」。如果以人類的情況來比喻，這就像是逼牠們進行「碗子蕎麥麵快食比賽」，所以若餵了稍微大隻的餌料，不妨等1～2分鐘再餵下一隻。

以上為大家介紹了4種情況的例子，但由於筆者沒有醫師執照，無法提供更詳盡的治療方式（藥品名稱或使用方法）。如果各位真的遇到上述的症狀，請先向當初購買的專賣店請教解決的方法。若是出現了連專賣店也無法判斷的症狀，可以請店家幫忙轉介醫院，或請對方介紹一些可能緩解問題的偏方以及日常的照護方式。不過，最重要的還是要每天仔細觀察蛙類與飼養環境，看看牠們的身體或動作有沒有任何異常、是否正常進食，以及察看飼養環境有沒有在不知不覺之中改變。

人工繁殖的蛙類是藍色的？

應該有不少人曾在專賣店看到白氏樹蛙或白頜大樹蛙的名字後面加上「Blue」這個標記，對吧？這種蛙類的體色的確是比一般的個體偏藍。若問這種藍色是否透過基因工程固定？答案是「NO」。早期的確有藍色的白氏樹蛙（藍色的質感不一樣），但近年來已經完全看不到其蹤影，另一方面，除了上述2種蛙類之外，最近幾年也愈來愈常看到市面所販售綠色體色的物種中，有些個體的顏色比野生個體還要偏藍。而牠們通常是來自人工繁殖，或是從蝌蚪或蛙卵養大。

實際上這個現象也會發生在其他的生物身上。例如翡翠草蜥（*Takydromus smaragdinus*）或龍骨腹蜥蜴（*Gastropholis prasina*）這類具有綠色外觀且大量人工繁殖的草蜥就是其中一例。

許多飼養者都覺得這種現象很神奇，他們認為這可能是因為在野外以及在飼養的環境之下，接受的紫外線照射量不同所引起，並進行了各種實驗，但一直無法找出原因，不過，這個謎團最近終於展露端倪。

就結論來說，β胡蘿蔔素與葉黃素攝取不足，可能是出現「藍色蛙」的原因之一。許多蛙類（兩棲類）身上都有β胡蘿蔔素或葉黃素，實際在幼體上陸之後，立刻在昆蟲餌料中添加色素進行實驗，結果發現吃了添加葉黃素餌料的個體偏黃綠色，吃了添加β胡蘿蔔素餌料的個體則呈現黃色較淡的偏綠體色，雖然如此還是沒出現藍色的個體。

然而，目前市面上的餌料都不含爬蟲類、兩棲類專用的添加劑，所以到底該怎麼做，才能讓牠們變色呢？答案應該是讓作為餌料的昆蟲多吃含有這些成分的蔬菜，然後再餵這些昆蟲給蛙類吃。

雖然我們還不知道在蛙類長大的過程中餵食這些餌料有沒有效果，也不清楚中途停止添加這些色素，藍色蛙還能不能保有原本的體色，但圍繞在藍色蛙身邊各種不可解的謎團的確已經準備揭開謎底。

樹蛙的繁殖

—— b r e e d i n g o f T r e e F r o g s ——

繁殖可說是飼養者的一大樂趣，
也是飼養技術的結晶。
近年來，常聽到許多爬蟲兩棲類成功繁殖的案例。
不過！樹蛙的繁殖可沒想像中的簡單，
在還沒飼養之前就想著要繁殖的人，
最好再多加考慮。

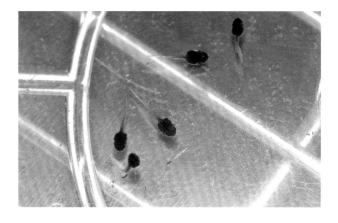

01 關 於 繁 殖

不管是爬蟲類、兩棲類、魚類、甲殼類還是其他的領域,似乎有不少飼養者是為了繁殖而飼養牠們。個人認為,在野生個體全面減少的此時此刻,由飼養者繁殖的人工繁殖個體（CB個體）能多在市面流通,絕對是件好事。

不過前面也提過,樹蛙或者可說所有的蛙類,都不是能隨心所欲繁殖成功的,講得極端一點,大部分蛙類都是屬於「很難完全自然繁殖的物種」。有些人會在飼養之前就先想到繁殖,這絕對是大錯特錯,希望大家先將該蛙種好好地照料1年,再開始思考繁殖這件事。此外,樹蛙以及其他蛙類通常很難從外觀判斷個體的性別。近年來,爬蟲類的業界興起了一波「成對銷售」的風潮,許多顧客也都理所當然地一次購買2隻不同性別的個體；然而,跟店家說要「成對」購買樹蛙,恐怕是緣木求魚。有些樹蛙的花紋與顏色的確會因為雌雄而不同,但大部分種類的樹蛙都是透過體型的差異（雌蛙的體型較大）來判斷性別,所以基本上正確的做法應該是大量購買個體,然後再從中試著配成一對。如果市面上出現已經成功繁殖過的「成對樹蛙」,那絕對可說是非常稀有的例子。

前面也提過,將目標放在繁殖不是壞事（應該是好事才對）,但樹蛙真的不是那麼容易培育後代的生物,大家可將「繁殖視為細心照顧牠們之後得到的獎賞」,然後細心飼養,再試著進行繁殖。

此外,在這裡有件事情要先提醒大家。在後面說明物種的時候也會提到,市面上有許多人工繁殖的白氏樹蛙、巨雨濱蛙、白頜大樹蛙、巨人猴樹蛙,但前三者都是注射人類絨毛膜性腺激素（Human

Chorionic Gonadotropin）繁殖的個體。我從來沒在日本聽說過這3種樹蛙能在飼養環境之下，完全自然繁殖，外國應該也沒有這類案例才對。雖然我聽過巨人猴樹蛙的外國案例，但也不知道是不是完全自然繁殖，而且在日本市場流通、號稱人工繁殖的個體通常都是在祕魯當地找到的幼體蛙，牠們可說是「看起來像人工繁殖的野生個體」。不過，我不是在說野生個體有什麼不好，還請大家不要誤會。

有鑑於在飼養環境下完全自然繁殖的案例少之又少，目前也沒有可行性經過證實的繁殖方式，因此繁殖曾被視為遙不可及的夢想。然而，近年來，許多飼養者展現了高明的技術，筆者身邊的一些飼養者也成功繁殖了許多蛙種，所以本篇的章節將透過珍貴的照片介紹這些成功的繁殖案例。

【紅眼樹蛙 案例1】

繁殖箱大小	寬45×深45×高60cm的市售爬蟲類飼養箱
繁殖箱內的飼養個體數	6隻（應是雄蛙4隻、雌蛙2隻）
繁殖重點	徹底重現雨季與乾季，誘發紅眼樹蛙發情，就能全年進行繁殖。筆者也曾在美國見過繁殖業者這麼做，所以為紅眼樹蛙準備雨季、乾季極度分明的環境，就有機會進行繁殖。要模擬雨季，除了使用噴霧器或水霧系統，可能還要設置澆花器、蓮蓬頭或水中幫浦打造的噴水水塔，以重現激烈的雨勢。為此，繁殖箱也得具備排水系統或接近排水系統的構造。

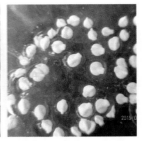

【紅眼樹蛙 案例2】

繁殖箱大小	寬60×深45×高60cm的市售爬蟲類飼養箱
繁殖箱內的飼養個體數	7隻（雄蛙3隻、雌蛙4隻）
繁殖重點	與案例1一樣重現了雨季與乾季，還在颱風季節模擬了颱風過境的雨季。在模擬雨季之前，先打造了4～5個月的乾季，透過減少噴霧的次數，讓濕度降低。進入雨季模式之後，雌蛙開始陸續發情，在9～10月份開始產卵。由於颱風過境時，氣壓也會產生變化，所以紅眼樹蛙大多會因此而開始繁殖。繁殖經驗不多的人若能利用這種自然現象，說不定就能成功誘使個體繁衍。

【馬來亞飛蛙】

繁殖箱大小	寬45×深45×高90cm的市售爬蟲類飼養箱
繁殖箱內的飼養個體數	6隻（雄蛙5隻、雌蛙1隻）
繁殖重點	繁殖重點與紅眼樹蛙一樣，都需要模擬適當長度的雨季與乾季，而且乾季模式不只要關注濕度，還得稍微調低溫度（5～7℃左右）。模擬乾季的時間大約是3～4個月，在進入雨季模式之後，模擬降雨的情況，雄蛙與雌蛙就會同時發情，進而產卵。實際產卵的時間為12～1月，與原產地馬來西亞的繁殖期恰好重疊。

【紅腹錦蛙】

繁殖箱大小	寬30×深30×高45cm的市售爬蟲類飼養箱
繁殖箱內的飼養個體數	4隻（應是雄蛙2隻、雌蛙2隻）
繁殖重點	苔蘚蛙等樹蛙類非常依賴水，所以將牠們養在水族箱裡面。雖然沒有調整室溫與濕度，但是調整了水族箱的水溫（換成冷水），也因此成功誘發紅腹錦蛙繁殖。這招也可用於熱帶魚，只要是曾經使用過水族箱的人，應該都不難想像才對。繁殖時期僅限於冬天（在夏天就算調整水溫也不會出現繁殖行為）。

【多刺樹蛙】

繁殖箱大小	將寬90×深45×高36cm的觀賞魚缸改造成蛙類專用飼養箱
繁殖箱內的飼養個體數	3隻（應是雄蛙2隻、雌蛙1隻）
繁殖重點	雖然也模擬了雨季與乾季，但是幾乎沒調整過溫度，只有調整濕度（噴霧的次數與分量）就成功繁殖了。不過僅會在夏季繁殖，冬季期間就算調整濕度，多刺樹蛙也沒有出現任何繁殖的徵兆。生出來的蝌蚪全由多刺樹蛙自行照顧，直到上陸之前，都養在同一個飼養箱之中（飼養者只照料親代個體）。

   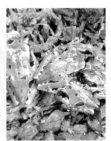

【里根巴赫蘆葦蛙】

繁殖箱大小	將寬35×深25×高30cm的收納盒改造成蛙類專用飼養箱
繁殖箱內的飼養個體數	2隻（雄蛙1隻、雌蛙1隻）
繁殖重點	與其他物種的繁殖過程一樣，都模擬了雨季與乾季，但是特別將乾季設定為5個月之久，並且在最後的1個月將溫度降低至15～20℃，然後在拉高溫度的同時，模擬下大雨的環境，成功誘使蘆葦蛙繁殖。產卵時期為12月。在飼養環境下，成功繁殖與非洲樹蛙同科的蘆葦蛙這樣的案例極為稀少，所以絕對是非常珍貴的資訊。

　　礙於版面，只能簡單地介紹5個繁殖實例。繁殖的相關細節已刊登在專業雜誌上，有興趣的讀者可自行閱讀。此外，在本書蒐羅的物種中，筆者也根據自己的記憶整理了日本國內完全自然繁殖的案例（只介紹幼體蛙，沒有介紹蝌蚪以及產卵、排卵）。各位讀者不妨將下列的物種視為有機會繁殖的物種。

　　日本雨蛙、因巴布拉樹蛙、亞馬遜牛奶蛙、斑紋樹蛙、亞馬遜葉蛙、黑眼樹蛙、白點樹蛙、虎紋猴樹蛙、墨西哥巨人猴樹蛙、3種瞻星蛙科的蛙類、森樹蛙、

越南苔蘚蛙、雙色棱皮樹蛙、白斑小樹蛙、蠟猴葉泡蛙、黃色蘆葦蛙，大概就是上述這些物種了。當然，也有些繁殖實例是筆者不曉得的，還請大家諒解。唯一可以確定的共同點是「能夠每年穩定地定期繁殖的案例極為罕見」，大部分都只是「曾經繁殖過」的物種，請大家先了解這一點。

雖然都說樹蛙「幾乎不可能成功繁殖」，但如果在經過飼養者的研究與努力之後，能讓0.1％的機率往上提升一點，那麼對於飼養者來說，絕對是努力的成果。

■ ■ 關於 SLS（Spindly Legs Syndrom 的簡稱）■ ■ ■ ■

對於想繁殖蛙類的人來說，SLS是他們避之唯恐不及的字眼。這是蝌蚪準備上陸時，才發現少了一隻或兩隻前肢，或前肢細得無法踩在地面的症狀。這種症狀是不治之症，目前對於發病原因及該如何預防的手段仍是完全未知。它會發生在任何一種蛙類的蝌蚪身上，而筆者也曾在繁殖箭毒蛙的時候，遇過相同的困擾。

就過去的經驗或資訊來看，飼養蝌蚪或蛙卵的水溫（氣溫）過高，就有可能出現SLS或其他的不良反應，但水溫比較低的時候，也一樣會出現這類症狀。此外，只要水質不是太差，通常不會產生任何影響。有些人認為，蝌蚪或蛙卵需要照射紫外線，但我覺得野生箭毒蛙的蝌蚪應該沒什麼機會暴露於紫外線中，而且在沒有紫外線的環境下飼養，也經常會出現這類症狀。這讓我不知道該怎麼預防，不過，最近有人提到SLS與水中的鈣或其他礦物質（微量元素）的含量，以及蝌蚪的營養過剩有關。

不論如何，飼養者可試著做一些個人能力所及的事，例如使用水族箱的水質調整劑調整水質，或是改變餌料的分量或種類，這些努力都值得一試。

樹蛙圖鑑

—— picture book of Tree Frogs ——

全世界每個角落都有可愛的蛙類。
由於牠們是很龐大的族群，
所以分成許多物種，
而這裡要介紹的就是被稱為樹蛙的類別。

日本雨蛙（東北雨蛙）

Hyla japonica

分布	日本（北至北海道，南至屋久島）、朝鮮半島、中國東北一帶等
體長	2～4.5cm左右

放眼樹蛙或一般的蛙類，日本雨蛙與黑斑蛙、日本蟾蜍都是足以代表日本的蛙種。*japonica*這個種名會讓人以為原產地是日本，但其實中國或朝鮮半島都能看到這種樹蛙的身影。由於實在太常見，所以很多人不知道牠們是樹蛙。牠們常常在水田或水路周邊等這類接近人類生活圈（低地）的地方出沒，愈往深山，愈見不到其身影。從名字「雨蛙」可以得知，牠們時常在進入梅雨季之後，在每個角落「大合唱」。雖然長相與施氏樹蛙相似，但是只要從鼻梁有無褐線就能分辨牠們。日本雨蛙很容易飼養，就算是野生個體也能輕鬆餵食，只需用鑷子夾住餌料，牠們便會迅速捕食。在飼養溫度方面，與棲息地的氣候（氣溫）相近即可，唯獨要避免環境變得太熱或極度乾燥。一般人都知道牠們有各種體色變異的個體，其中的一部分（例如白化）也藉著累代繁殖的方式於市面流通，但目前還不清楚如何繁殖藍色的個體，且牠們的體色常常會恢復成綠色，所以在飼養時要特別注意這點。

日本人熟悉的青蛙

變異個體

藍色（幼體）

變異個體（半透明）

變異個體（日蝕）

白化

白化

中國樹蟾

Hyla chinensis

分布	中國東部～東南部、台灣
體長	2～3.5cm左右

一如日本雨蛙的種名為*japonica*，*chinensis*就是中國樹蟾（又名中國雨蛙）的種名。雖然外觀與日本雨蛙非常相似，但中國樹蟾的大腿根部到腹部呈鮮豔的黃色，這是牠最明顯的特徵。此外，日本雨蛙的體型不會因為雌雄性別而有明顯差異，但中國樹蟾的雌蛙體型比雄蛙稍大一些。中國樹蟾的棲息環境也與日本雨蛙相似，但本種棲息在海拔略高的高地，所以在飼養時，一定要注意溫度過高和悶熱的問題。

哈氏雨蛙

Hyla hallowellii

分布	奄美群島（以喜界島為北方邊界）、沖繩本島北部
體長	3〜4cm左右

日本原生種之一的哈氏雨蛙，分布在日本雨蛙不會出沒的地區（兩者的棲息地沒有重疊）。雖然外觀與日本雨蛙相似，但鼻梁沒有褐線，本種的體型也比較修長苗條。以沖繩本島為例，牠們喜歡森林更勝於水田，也常常待在樹上生活，所以數量雖多，卻很難見到其蹤跡。飼養的時候，有些地方要稍微注意，比方說，要在飼養箱裡多放一點植物，為牠們打造一處能夠安心躲藏的地方。哈氏雨蛙吃得不多，所以一開始可先餵小隻的昆蟲，等到牠們習慣之後，再讓牠們試著捕食。

犬吠蛙

Hyla gratiosa

分布	美國東部～南部（從馬里蘭州、德拉瓦州沿著大西洋海岸線，經過佛羅里達州，最後抵達西邊的路易斯安那州。內陸的分布範圍則是從路易斯安那州往北，直至肯塔基州）
體長	5～7cm左右

看到「犬吠蛙」這個名稱，許多人可能聯想到牠們會像狗一樣吠叫，但就我個人的感覺而言，牠們的叫聲實在不像狗吠聲，認真說的話，比較像是「洪亮的貓叫聲」。犬吠蛙是足以代表北美南部的中型雨蛙，佛羅里達的個體在很久之前就開始出口至日本，但近年來，隨著全面保護北美物種的風潮興起，市面上的流通數量銳減。牠們是只要熟悉飼養環境就能順利生存的物種，雖然體型較大卻售價低廉，所以在運送時，往往被輕忽對待，導致皮膚常在運送過程中受傷，而這樣的個體也比較虛弱。此外，悶熱的環境是牠們的大敵，所以建議大家飼養時，不要讓牠們處在擁擠乾燥的環境裡。

美國綠樹蛙

Hyla cinerea

分布	美國東部～南部（從馬里蘭州、德拉瓦州沿著大西洋海岸線，經過佛羅里達州，最後抵達西邊的德州。內陸的分布範圍則是伊利諾州南部、印第安納州南部與肯塔基州西南部）
體長	3.5～6cm左右

顧名思義，美國綠樹蛙是足以代表美國的雨蛙。除了身體側邊的白線與腹部之外，幾乎全身都是綠色的，完全符合日本人心目中的「青蛙」形象。美國綠樹蛙的棲息地雖然與犬吠蛙重疊，但分布的範圍更廣，個體數量也更多，在地人也時常看到牠們。美國綠樹蛙的體型比日本雨蛙更加修長，但尺寸看起來卻大上一號。由於是非常強壯的物種，所以照料相對容易，只要準備飼養日本雨蛙的設備，就能養活牠們。唯一要注意的是，牠們可能不太適應日本（本州以北）冬季的最低氣溫，但如果保溫設備設置妥當的話，應該就不會有問題。

灰樹蛙

Hyla versicolor

分布	若將美國分成東西兩側，則灰樹蛙分布於東側全境以及加拿大（曼尼托巴省南部、安大略省南部、魁北克省南部）
體長	3～5.5cm左右

灰樹蛙與美國綠樹蛙都是足以代表美國的雨蛙，棲息範圍也十分廣泛。體型較其他雨蛙扁平，體表皮膚也略微粗糙。從名稱就可以知道，牠們的體色基本上是灰色，但根據其種名*versicolor*（變色、複雜的顏色），其實牠們的體色為綠、灰、白這3種顏色的混色（迷彩色），可說是變化多端。此外，跟中國樹蟾一樣，灰樹蛙的大腿根部呈不同顏色，而且還是鮮豔的橙色，非常吸睛。雖然不難飼養，但與犬吠蛙一樣，是很容易在流通過程受傷的物種，所以建議大家選購已進口一段時間，狀態比較

穩定的個體。另外，灰樹蛙棲息地的南邊與可普灰樹蛙（*Hyla chrysoscelis*）的棲息地重疊，這2種蛙類的外觀相似到難以分辨，而且牠們曾自然交配，因此無法確定圖中的個體一定是灰樹蛙（*Hyla versicolor*），還請讀者見諒。

小丑樹蛙

Dendropsophus leucophyllatus

分布	蘇利南、蓋亞那、法屬圭亞那、巴西西北部、厄瓜多、祕魯等
體長	2～3.5cm左右

這是在市面上存在已久，足以代表南美的可愛小雨蛙。早期認為牠們身上的花紋會因產地而不同，比方說，長頸鹿斑紋就是其中一種，但近年來，牠們的分類變得更加細膩，例如過去稱為「皇冠花紋」的個體被歸類為本種。小丑樹蛙由於個頭嬌小，身材又苗條，所以給人纖弱的印象，但其實牠們非常強壯，也很容易餵食餌料。極度乾燥與低溫的環境不利牠們生活，需特別留意，此外，只要依循照料樹蛙的準則行事，應該就能長期飼養牠們。日本過去都是向蘇利南進口野生個體，但近年來減少了進口的次數。

祕魯產

丹杰雨蛙

Dendropsophus marmoratus

分布	蘇利南、蓋亞那、法屬圭亞那、巴西、厄瓜多、祕魯等
體長	3～5cm左右

與小丑樹蛙一樣，都是在市面上流通已久的小型雨蛙。本種最顯著的特徵莫過於體表的花紋與皮膚的質感，要想找到待在樹皮表面的牠們可不是一件容易的事。每隻丹杰雨蛙的顏色或花紋都不太一樣，有些甚至像是「鳥糞」。此外，本種的腹部有白底黑斑這種非常迷人的紋路，有些則是人腿附近有大片的橘黃漸層色塊。雖然這種配色不似箭毒蛙那般極端，但為何牠們背部與腹部的顏色如此大不相同至今仍是個謎。飼養時，有一些需要特別注意的地方，由於牠們食量不大，一次養很多隻時，要常常觀察牠們的進食情況。

腹部

巨型角斗士樹蛙（蘇利南大雨蛙）

Boana boans

分布	蘇利南、蓋亞那、法屬圭亞那、委內瑞拉、哥倫比亞、厄瓜多、祕魯、玻利維亞、巴西等
體長	9～13cm左右

看到這樣的巨大體型及樣貌，總讓人懷疑「牠也是雨蛙的同類嗎？」由於長相有點類似平尾壁虎，所以只要見過一次，應該就很難忘記。在南美大陸的雨蛙之中，巨型角斗士樹蛙是體型最大的物種。雖然巨人猴樹蛙的體型也不遑多讓，但若只看長度的話，巨型角斗士樹蛙可是更勝一籌。被稱為大雨蛙的還有黃腹雨蛙（*Osteopilus vastus*），但兩者是截然不同的物種，因此為了避免混淆，通常會在巨型角斗士樹蛙的名字前面冠上「蘇利南」。至

於飼養方面，可不能照本宣科，首先要準備能讓牠們安心跳躍的大飼養箱（避免撞得鼻青臉腫），要是居住環境不夠安穩舒適，牠們可能會連餌料都不吃（就筆者的經驗而言，許多巨型角斗士樹蛙都不願意被餵食）。

碧眼樹蛙 (嘎啦嘎啦雨蛙)

Hyla crepitans

分布	蘇利南、蓋亞那、法屬圭亞那、委內瑞拉、哥倫比亞、巴西東南部等
體長	5～7cm左右

碧眼樹蛙的別名聽起來有些胡鬧，但其實是源自於牠們的叫聲，而且牠的種名 *crepitans* 也意指嘎啦嘎啦這種叫聲，所以說起來「嘎啦嘎啦雨蛙」這個在日本市場流通的名字倒也十分合理。碧眼樹蛙的體色多變，有些個體的薄荷綠體色既高雅又美麗，而腹部兩側的虎紋則是非常亮眼的配色。早期日本市場的個體都是從蘇利南進口，因此牠們被視為足以代表南美大陸北部的蛙類之一，不過最近幾年，市面上的流通數量銳減，導致現在

很難見到其蹤影。由於牠們屬於中型雨蛙，而且也非常強壯，所以若看到牠們出現在市面上，建議大家可以試著飼養，但要注意飼養環境不要過於寒冷與乾燥。

因巴布拉雨蛙 (馬賽克雨蛙)

Boana picturata

分布	哥倫比亞東部的太平洋沿岸、厄瓜多北部～西北部的太平洋沿岸
體長	4.5～7cm左右

自古以來，人們就知道因巴布拉雨蛙的存在，但由於牠們的棲息地位於捕捉和出口都相對困難的國家，所以很少在市面上看到牠們。這種美麗的中型雨蛙看起來有點因病消瘦的感覺，但也因此更惹人憐愛。這就是牠們平常的樣貌，如果看到牠們變得跟雨蛙一樣圓滾滾的，反而代表是生病了。最近幾年，歐盟開始繁殖因巴布拉雨蛙，雖然數量還不多，但總算能在市面稍微見到牠們。此外，飼養的案例稀少，所以還無法得知正確的飼養方式，然而從外觀來看，牠們似乎是比想像中更強壯的物種，基本上只需要依照中美洲樹蛙的方式照料，應該就不會有什麼問題。在日本也有繁殖成功的案例。

圓點樹蛙

Boana punctata

分布	智利與阿根廷南部，以及除了烏拉圭之外的南美大陸
體長	3～4cm左右

圓點樹蛙與前面提到的小丑樹蛙一樣，都是在寵物市場流通已久的南美雨蛙。過去通常是從蘇利南進口至日本市場，但近年來，從祕魯或蓋亞那進口的個體居多。圓點樹蛙的體表除了通透的黃綠色之外，還有紅色或黃色的不規則斑點，而斑點的顏色會在白天與晚上（不一定是活動時間）產生變化，比方說，在晚上活動時，紅色的部分會變大，看起來就像是其他蛙類。此外，他們也是最早被譽為「玻璃蛙」的物種，可以從腹部直接看到內臟，只是近年來，這個稱號似乎已被「弗氏玻璃蛙」（*Hyalinobatrachium fleischmanni*）據為己有。圓點樹蛙雖然不難飼養，但個性比小丑樹蛙更加敏感膽小，所以建議大家先準備放了許多植物的生態缸，再試著飼養他們。

伊斯帕尼奧拉雨蛙

Osteopilus vastus

分布	多明尼加共和國、海地（分布於伊斯帕尼奧拉島全域）
體長	8～14cm左右

伊斯帕尼奧拉雨蛙的特徵在於圓圓的臉龐、大大的眼睛與可愛的表情，但是他們的巨大體型可完全不亞於前面提到的巨型角斗士樹蛙。由於不是會到處跳來跳去的類型，也很願意被餵食，所以非常適合養在飼養箱裡。根據個體的不同，體色也大異其趣，有些個體是能與地衣融合的苔綠色，有些則偏白或偏黃，無論顏色為何，都非常有魅力。之前在市面上流通的伊斯帕尼奧拉雨蛙都是從美國出口的海地物種，但最近幾年，這個流通管道突然中斷，所以現在也不太有機會買到他們了。

亞馬遜牛奶蛙(牛奶斑紋雨蛙、十字條紋雨蛙)

Trachycephalus resinifictrix

分布	法屬圭亞那、蘇利南、蓋亞那、巴西、祕魯、厄瓜多、玻利維亞、哥倫比亞等（以亞馬遜熱帶雨林地區為主）
體長	6～10cm左右

如果製作「樹蛙流通量前五名」的排行榜，亞馬遜牛奶蛙肯定榜上有名，可見牠在全世界是非常受歡迎的大型樹蛙。亞馬遜牛奶蛙之所以如此備受喜愛，主要還是因為幼體的體色，從名字也可得知，牠們的體色與乳牛的花紋如出一轍。然而，這個牛奶斑紋指的並不是花紋，而是從皮下滲出的乳白色毒液（雖然其他蛙類滲出的毒液也是乳白色的……）。另外，其實後面介紹的斑紋樹蛙別稱中也有「牛奶斑紋」。亞馬遜牛奶蛙長為成體後，原本黑白分明的花紋會消失，黑色的部分會變淡，白色的部分則轉變成類似咖啡歐蕾的色調，整體看起來散發出「牛奶」的色澤。早在大約20年前，亞馬遜牛奶蛙就是市面的常客，近年來，隨著歐盟各國也開始繁殖，於市面流通的數量更加穩定。雖然牠們很強壯，但幼體時期不耐低溫與乾燥，所以第一次挑戰飼養牠們的人，最好不要輕易購買相對便宜的幼體，體型2～3cm左右的個體才是最佳選擇。

幼體

成體

斑紋樹蛙 (小型牛奶斑紋蛙)

Trachycephalus typhonius

分布	阿根廷南部與智利之外的南美大陸、巴拿馬、哥斯大黎加、尼加拉瓜、瓜地馬拉、墨西哥中部以南等
體長	7～12cm左右

在日本，曾有一段時間稱嘴巴很壞的人為「劣化版的牛奶蛙」，這個比喻可能來自於斑紋樹蛙，而牠們是毒雨蛙的一種。斑紋樹蛙的棲息範圍非常廣泛，幾乎遍及整個南美與中美。在過去，可於市面定期見到野生個體，但隨著亞馬遜牛奶蛙 (十字條紋雨蛙) 的市占率愈來愈高，牠們漸漸地不再受到青睞，流通的數量也日漸稀少。斑紋樹蛙也有「十字眼」，長相亦十分惹人憐愛，而

且體型較其他雨蛙來得大一些，只要仔細觀察，就會發現牠們其實很耐看。近年來，仍然以野生個體為主要流通物種，但數量愈來愈少，而人工飼養的趨勢也未見進展。

墨西哥產

幼體

黑色斑點盔頭樹蛙

Trachycephalus nigromaculatus

分布	巴西東南部（里約熱內盧附近的沿岸地區到巴西利亞的內陸地區等）
體長	6〜9cm左右

黑色斑點盔頭樹蛙是源自巴西的大型樹蛙，從5〜6年前開始，慢慢地在市面上流通。雖然牠們的頭部不像後續提到的鴨嘴樹蛙那麼扁平，但也有「盔頭（casque-headed）」這種形狀吸睛的頭部。此外，雖然大型種在體色上比較單調，但是本種卻會在長成成體之後，出現黑色網狀的花紋，還會帶有不規則的紅色斑點，看起來非常亮眼。種名的 *nigro* 是黑色，*maculatus* 則為斑點之意，但恐怕只有筆者覺得應該改成 *rubra*（紅色）與 *maculatus*（斑點）吧。巴西對於生物的出口設有非常嚴格的管制，所以在市面完全看不到巴西野生個體的蹤影，只能稍微找到歐盟繁殖的個體。由於牠們的棲息地不大，所以筆者希望此種能夠多受到一些關注……。

鴨嘴樹蛙

Triprion petasatus

分布	墨西哥（以猶加敦半島為中心的南部）、貝里斯、瓜地馬拉、宏都拉斯
體長	5～7.5cm左右

那看一眼就忘不了的滑稽模樣實在令人印象深刻。本種的鴨嘴樹蛙與剛剛介紹的黑色斑點盔頭樹蛙在國外都稱為「盔頭樹蛙（casque-headed frog）」，可見牠們的名字源自其特殊的頭形。本種為 *Triprion* 屬，但其他屬也有長相相同的樹蛙。本種主要分布於墨西哥，不過市面上流通的主要是歐盟人工繁殖的個體，偶爾才會看到墨西哥的野生個體。體型長至一定大小的鴨嘴樹蛙非常強壯，能夠適應乾燥與高溫的環境，反之，如果是潮濕的環境，牠們就會病懨懨的，因此依循樹棲的壁虎或蜥蜴的照料方式，應該就沒問題了。

麗紋葉蛙

Cruziohyla calcarifer

分布	哥斯大黎加、巴拿馬、哥倫比亞、厄瓜多（分布區域都很狹小）
體長	5.5～8.5cm左右

麗紋葉蛙的身體雖然小小的，但是四肢卻很粗壯，而且乍看之下是普通的綠色蛙類，但其實腹部兩側布滿了令人聯想到劇毒的華麗虎紋，而這些特點想必讓喜愛蛙類的人看得目不轉睛吧。由於牠們位在寵物市場很不活絡的原產國，所以日本市面上完全看不到任何進口的野生個體（至少這二十年沒見過），作者於2010年進口的人工繁殖個體有可能是實質上、第一個於市面流通的案例。麗紋葉蛙的體型比紅眼樹蛙稍微大一些，樣貌與活動方式則是介於葉泡蛙屬（*Phyllomedusa*）與紅眼蛙屬（*Agalychnis*）之間。飼養時，只要依循中南美樹蛙的照料方式應該就不會有問題，牠們與後續提到的亞馬遜葉蛙在日本都有成功繁殖的案例。雖然市場上陸續有從歐盟進口的個體，但應該暫時看不到進口的野生個體，因此，希望能像紅眼樹蛙一樣，定期聽到牠們在日本國內繁殖成功的消息。

亞馬遜葉蛙

Cruziohyla craspedopus

分布	厄瓜多、哥倫比亞、祕魯
體長	5.5～7.5cm左右

比麗紋葉蛙晚了一年多進入日本市面的亞馬遜葉蛙被譽為該屬最美麗的物種。這種南美中型葉蛙的體色除了薄荷綠之外，還夾雜著細小的白色斑點。此外，鮮橘色的腹部與四肢也十分引人注目。不過，牠們最大的特徵在於後肢外側的「Fringe」。所謂的「Fringe」是裝飾的意思，形狀像是邊緣被蟲子啃咬過的葉子。目前已知的葉蛙有3種，但後肢的部分看起來最像葉子的只有本種，而這說不定正是牠們被譽為該屬最美麗物種的原因。自從首次在市面亮相之後，就時不時可看到從歐盟進口的個體，而且日本國內的飼養者也愈來愈多，所以成功繁殖的案例時有所聞。目前還不知道野生個體會在何時進入市場，於市面流通的數量可能也不太穩定，因此希望日本國內的繁殖狀況能有所進展。

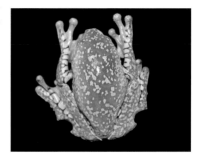

紅眼樹蛙

Agalychnis callidryas

分布	巴拿馬、哥斯大黎加、尼加拉瓜、薩爾瓦多、宏都拉斯、瓜地馬拉、貝里斯、墨西哥南部等
體長	5～7.5cm左右

紅眼樹蛙的地位之高，將牠形容為樹蛙之王也不為過，就算將範圍放大至所有蛙類，紅眼樹蛙也絕對是不容忽視的存在。這種來自中美洲的樹蛙除了是寵物店的明星，也常常被塑造成卡通人物或作為青蛙周邊商品的雛型。牠們的紅色眼睛固然迷人，黃綠色的體表搭配腹側與四肢的藍色，再加上四肢末端的橘色，讓人不禁懷疑，這真的是出自大自然之手嗎？然而，那身美麗的外衣的確是牠們天生的色彩，完全沒有經過人工繁殖的方式操縱（沒有經過雜交）。因此，從以前到現在都有許多人想擁有牠們，不過正因為太常見到，而且價格又相對便宜，所以讓人心生疑惑「飼養牠們真有這麼簡單嗎？」。在市面上流通的本種通常是野生個體，而飼養的難易度端看進口時的狀態，所以不熟悉中南美樹蛙的人，最好選購進口一段時間的個體或人工繁殖的個體。

反過來說，若已經知道怎麼照料本種的野生個體，或許就能比較輕鬆地飼養中南美原生種的個體。這二十年來，市面上都以尼加拉瓜的野生個體為主流，但隨著歐美各國與日本的人工繁殖個體逐漸增加，因此，現在更容易在市面上購得紅眼樹蛙。此外，從2006年開始，白眼（Axanthic）、紅眼（albino）及黑化（Melanistic）這類色彩變異個體也從美國的繁殖業者流入日本市場。由於這些變異個體的流通量非常稀少又不穩定，所以希望購得牠們的人都能試著繁殖（累代繁殖），以增加其數量。

依產地不同，個體外表會有微妙差異，且每隻個體也略不相同

尼加拉瓜產

墨西哥產

白眼

紅眼

紫色

勃艮第酒紅

泡泡糖橘

查特酒綠（年輕的個體）

黑眼樹蛙

Agalychnis moreletii

分布	墨西哥、貝里斯、瓜地馬拉、宏都拉斯、薩爾瓦多
體長	6～6.5cm左右

體色為鮮綠色的黑眼樹蛙有著一對深黑色的大眼睛，牠們與紅眼樹蛙是同屬不同種，其單純的配色與紅眼樹蛙形成了對比。在2000年代後半到2010年代前半這段時間，偶爾可以在市面看到野生個體，但近年來卻銷聲匿跡，取而代之的是從歐盟進口的人工繁殖個體。飼養時，只要依照紅眼樹蛙的方式照料就不會有什麼問題。由於目前已經是以人工繁殖的個體為主流，所以沒有需要特別注意的地方。此外，日本國內也常常傳出成功繁殖的案例，大家不妨以飼養另一種紅眼樹蛙的感覺試著養育牠們吧。

白點樹蛙

Agalychnis spurrelli

分布	哥斯大黎加、巴拿馬、哥倫比亞、厄瓜多
體長	5～9cm左右（一般來說，會有產地的差異）

乍看之下，似乎與紅眼樹蛙沒什麼不同，但是仔細一瞧就會發現牠們的側腹沒有藍色斑紋，虹膜的紅色也比紅眼樹蛙來得更加暗沉，而且這些特徵在成體身上更是明顯。至於背部的白色斑點數量則有明顯的個體差距，有些個體完全沒有，有些則是布滿背部。雖然某些紅眼樹蛙也有這類斑點，但是白點樹蛙的班點通常比較大。早期常將牠們與紅眼樹蛙混為一談，因此以飼養紅眼樹蛙的方式照料牠們就不會有問題。白點樹蛙的雌蛙在本屬之中，算是體型較大的一種，所以也特別有看頭。近年來，市面上完全沒有野生個體，只能偶爾看到歐盟或日本人工繁殖的個體。

狐猴葉蛙
Agalychnis lemur

分布	哥斯大黎加、巴拿馬、哥倫比亞
體長	3～5cm左右

早期被分類為葉泡蛙屬（*Phyllomedusa*），但幾經轉折之後，於2010年被歸類為紅眼蛙屬（*Agalychnis*）。從那美麗的外表、五官以及棲息地來看，牠們的確更像是紅眼樹蛙。種名的 *lemur* 為狐猴之意，知道這個意思後，再仔細觀察，便會發現牠們那細長的四肢與動作，真的與狐猴非常相似。四肢纖細，個頭比本屬其他種更加嬌小的狐猴葉蛙很容易焦慮，但是依照飼養其他物種的方式照料，應該就不會有任何問題。由於市面上99%都是人工繁殖的個體，而且就連在棲息地的市場也看不到野生個體，所以飼養的門檻應該不高才對。

巨人猴樹蛙
（雙色貓眼蛙）

Phyllomedusa bicolor

幼體

分布	蘇利南、蓋亞那、委內瑞拉、哥倫比亞、祕魯、玻利維亞北部、巴西中部以北等
體長	9～13cm左右

巨人猴樹蛙與先前介紹的巨型角鬥士樹蛙（*Boana boans*）一樣，自古以來都是足以代表南美大陸的超大型樹蛙。本種的身高較高，也因此非常吸睛。本種的皮膚會分泌劇毒，所以據說當地的居民會如使用箭毒蛙一般，將牠們的毒液（黏膜）抹在箭頭，用來捕捉獵物。從過去到現在，都能在市面見到牠們的蹤影，早期是從蘇利南出口，現在則可看到從祕魯或蓋亞那出口的野生個體。不過，牠們的體型實在太巨大，而且跳躍力又非常驚人，所以常在運送過程中撞傷鼻尖或眼睛上方的部位，也有許多個體因為這樣感染細菌而死亡。此外，就算平安地運送到目的地，許多大型的個體也不願意吃蟋蟀，因此在飼養野生的大型個體時，絕對不能照本宣科。近年來，市面上出現一些人工繁殖的個體，或由飼養設施繁殖（FH），讓人以為是剛上陸的幼體，不過當我詢問祕魯的出口業者之後，才知道這些業者實際上是在幼體上

陸的時期大量捕捉牠們，簡單來說，那些只是小隻的野生個體。有鑑於此，我才會對市面上人工繁殖的個體存疑。話說回來，幼體比較能適應飼養環境，即便牠們容易焦慮不安，但從目前的案例來看，的確比大型個體更有機會長期飼養。巨人猴樹蛙雖然比同屬的其他種更不耐低溫與極度乾燥，但其實牠們也不喜歡悶熱的環境，所以飼養門檻應該有點高，建議大家先想像牠們的棲息地，並準備需要的設備，之後再試著飼養。由於全世界都沒有在飼養環境下成功繁殖的案例，因此請先將所有心思放在好好照料牠們吧。

蠟猴葉泡蛙 (Waxy Monkey Tree Frog)

Phyllomedusa sauvagii

分布	巴拉圭、阿根廷中部以北、玻利維亞、巴西南部（與大廈谷地區鄰接的國家）
體長	6.5～9.5cm左右

將蠟猴葉泡蛙形容成「樹蛙之中的明星」也不為過。雖然牠們沒有紅眼樹蛙那般特殊的配色，也不像巨人猴樹蛙擁有特別巨大的體型，但是牠們的外表以及猶如猴子般活動的四肢都是其他物種所沒有的特徵，因此自古以來，就備受諸多飼養者喜愛。本種英文名字的「Waxy」為「蠟」之意，牠們會利用後肢將皮膚分泌的蠟狀物質（脂質）均勻抹在體表。這應該是因為棲息地的大廈谷地區乾季很長，牠們為了避免皮膚乾燥（保濕），所以才開始分泌脂質。此外，牠們不像其他種那樣釋放尿素，而是會如爬蟲類般釋出接近固體的「尿酸」，這應該也是為了避免從皮膚散失過多水分的手段（將毒素濃縮為尿酸再排出）。過去市面上以巴拉圭出口的野生個體居多，但約在2010年代前半，巴拉圭全面禁止野生動物出口，流通量也因此銳減。與此同時，人工繁殖的數量在全世界也大幅減少，所以完全成熟的人工繁殖個體非常稀少，幾乎都是讓野生個體產卵再進行繁殖的個體。實際上，日本國內雖然偶爾可聽到在飼養環境下成功繁殖的案例，然而能持續1年或2年的例子卻前所未聞。此外，即便蠟猴葉泡蛙不難照料，但長期飼養的案例卻比想像中來得少，尤其是從人工繁殖的幼體開始時，大部分長到3～4cm左右就會夭折。目前雖然無法得知理由為何，但其中一個原因極有可能是因為許多人誤以為牠們「喜歡乾燥」。其實本種「沒有特別喜歡乾燥」，只是比較「耐旱」。過去曾有一段時期，為了讓牠們待在乾燥的環境而故意使用鳥籠飼養，但是現在回想起來，這種方式真的大有問題。我們都曉得通風不良的潮濕環境會危害樹蛙健康，所以建議大家想像牠們的生長空間，並找出適合飼養牠們的環境吧。

白線猴樹蛙

Phyllomedusa vaillantii

分布	蘇利南、蓋亞那、法屬圭亞那、委內瑞拉、哥倫比亞、厄瓜多、祕魯、玻利維亞、巴西等
體長	5～8cm左右

在眾星雲集的葉泡蛙屬之中，白線猴樹蛙算是比較小眾的存在，但其實牠們的分布範圍與後述的虎紋猴樹蛙一樣廣泛。雖然長得很像巨人猴樹蛙，但是個頭卻小上一、兩號，而且背部兩側還有白色的條紋，這也是牠們名字的由來。早期屬於流通量較低的葉泡蛙，應該是因為本種非常敏感（脆弱）之故。由於牠們不是很強壯，又容易擦傷，所以就算能順利進口，也不一定願意被餵食，這也導致長期飼養的案例少之又少。相較其他物種，白線猴樹蛙喜歡居住在溫度和濕度都略高的地方，尤其剛進口的個體，最好為牠們打造一個比較高溫潮濕的環境。話說回來，在還可以進口蝌蚪的時代，曾有人透過觀賞魚的流通管道從南美進口透明的紅色大蝌蚪，但這些蝌蚪上陸之後，才發現牠們原來是白線猴樹蛙。直到現在我都還記得，這些紅色大蝌蚪的色彩與熱帶魚一般鮮亮。

P. azurea

虎紋猴樹蛙

Phyllomedusa hypochondrialis

分布	蘇利南、蓋亞那、法屬圭亞那、委內瑞拉、哥倫比亞、阿根廷北部、巴拉圭、玻利維亞、巴西等
體長	4～5cm左右

從以前到現在，個體嬌小的虎紋猴樹蛙就因為可愛的表情以及頻頻出現在市面上而惹人憐愛。早期分成2個亞種——本種（*Phyllomedusa hypochondrialis hypochondrialis*）與棲息在南方的 *Phyllomedusa hypochondrialis azurea*；但近年來有不少人認為應該分為2個種：*P. hypochonrialis* 與 *P. azurea*。雖然牠們是需要一點技巧才能飼養的葉泡蛙屬，但本種比其他種類更容易照料。只要準備小型的飼養箱，或是以植物裝飾的生態缸，再依照飼養樹蛙的方式照料即可。在過去，大部分的人都認為虎紋猴樹蛙非常耐寒，但那應該是因為早期於市面流通的大多是巴拉圭出口的 *azurea* 種，最近幾年則是以蓋亞那產的本種（*hypochondrialis* 種）為主要流通的個體，所以最好不要將牠們置於低溫的環境中。日本國內也有繁殖成功的案例，因此各位飼養者也可試著繁殖，應該會很有趣才對。

超級虎紋猴樹蛙

Phyllomedusa tomopterna

分布	智利、阿根廷、烏拉圭、巴拉圭以外的南美大陸中部以北
體長	4.5～6cm左右

乍看之下，與虎紋猴樹蛙幾乎是孿生兄弟，但本種腹側的虎紋會從後肢延伸到前肢，而且顏色濃郁鮮明，反觀虎紋猴樹蛙的虎紋，則只是從後肢延伸到腹側中間，紋路也較不明顯。在長相方面，本種的臉部比較尖，身體也較細長且沒那麼圓潤，所以只要仔細觀察，應該就不難分辨。雖然身材苗條的超級虎紋猴樹蛙給人一種不太

可靠的印象，但成年雌蛙的體型卻超乎想像地龐大，令人印象深刻。在飼養方面，超級虎紋猴樹蛙比虎紋猴樹蛙稍微敏感，容易感到壓力或焦慮，所以可以在飼養箱裡多放一些植物，裝飾成灌木叢的樣子，為牠們打造一個能夠安心躲藏的空間。

玻利維亞葉蛙

Phyllomedusa boliviana

分布	玻利維亞、阿根廷、巴西西部
體長	6～8cm左右

玻利維亞葉蛙在日本被稱為「化妝貓眼蛙」。雖然牠們被冠上貓眼這個名字，但那雙深邃的眼睛以及橘色的眼影（就像是化妝一樣）與印象中的貓眼完全不同，這也讓牠們成為兼具時尚與可愛的蛙種。人們從很久以前就發現牠們的存在，然而本種的原產國位於難以捕捉與出口的地區，所以很少在市面上看到牠們的身影，尤其近十年幾乎銷聲匿跡。也因此，有關如何飼養與繁殖的資料非常稀少。不過，原產國為玻利維亞的牠們主要是於大廈谷一帶棲息，所以依照飼養蠟猴葉泡蛙的方式照料，應該就萬無一失。

墨西哥巨人猴樹蛙（胖雨蛙）

Pachymedusa dacnicolor（Agalychnis dacnicolor）

分布	墨西哥（太平洋沿岸的南北兩側）
體長	8～11cm左右

那雙又大又黑，散布著無數小白點的雙眸完全可用「小宇宙」這個詞彙形容。墨西哥巨人猴樹蛙是擁有這種特殊雙眸的墨西哥原生大型樹蛙，早期被歸類為 *Pachymedusa* 屬，是 1 屬 1 種的蛙類，但最近幾年有愈來愈多人認為牠們應該納入紅眼蛙屬（*Agalychnis*）。在過去，牠們被譽為夢幻般的存在，但這十年來，歐盟地區的人工繁殖個體陸續進入市場，偶爾也能看到墨西哥出口的野生個體，

因此目睹牠們的機會增加不少。墨西哥巨人猴樹蛙非常強壯，所以無論是野生還是人工繁殖個體都很容易飼養，不過，本種也與蠟猴葉泡蛙一樣，常常被誤為「喜歡乾燥的環境」。幫牠們挑選通風良好的飼養箱絕對是首要任務，但務必小心，別刻意讓環境變得太過乾燥。

碧玉樹蛙

Sphaenorhynchus lacteus

分布	蘇利南、蓋亞那、法屬圭亞那、委內瑞拉、哥倫比亞、厄瓜多、祕魯、玻利維亞、巴西等
體長	2.5～4.5cm左右

碧玉樹蛙與圓點樹蛙並稱為南美的玻璃蛙。牠們的英文名字為 Hatchet-faced Treefrog。Hatchet 的意思是斧頭，源自那尖尖的鼻子。在過去，與虎紋猴樹蛙、圓點樹蛙一樣，都是蘇利南定期出口的蛙種之一，但近年來這種情況已經改變，現在只能看到少量從祕魯或蓋亞那出口的個體。雖然牠們比外觀更加強壯，卻非常敏感，明明叫做樹蛙，卻總是躲在流木底下。夜間潮濕的時候，會稍微出來逛逛，但只要一看到人影就會立刻躲起來，當飼養者試圖捕捉牠們時，則會以驚人的速度跳來跳去。照理說，這麼可愛的外表應該會更受歡迎才對，然而那陰沉的個性成了牠們的一大缺點。

年輕的個體

幼體

多刺樹蛙
Triprion spinosus

分布	巴拿馬、哥斯大黎加、宏都拉斯、墨西哥南部
體長	6～8cm左右

種名的 *spinosus*（刺棘或尖角的意思）可不是虛有其名。第一次看到頭上長角的多刺樹蛙照片時，我嚇到以為那是合成的。牠們的樣貌、體型與偏紅的眼睛都散發著某種詭異的氣氛。這種珍奇的中南美物種的最大特徵就是頭部的角（冠），而這個特徵在成熟的雄蛙身上更加明顯，不過，也不是所有個體都長這樣。此外，本種的另一項特性就是雌蛙會產下無精卵，再餵給牠們的蝌蚪吃。許多箭毒蛙都有這種習性，但在樹蛙身上卻是極為罕見。近年來，流通數量雖然不穩定，但以歐盟出口的人工繁殖個體為主，在日本也有成功繁殖的案例，而這一例也已在前面介紹過，有興趣的讀者可以重溫一下內容。就

外表、習性以及極少的流通量來看，多刺樹蛙絕對稱得上是「罕見的物種」。雖然如此，牠們卻很強壯，只要依照飼養樹蛙的方式照料即可。由於牠們喜歡略高的溫度與通風良好的環境，所以僅需要注意這兩點，應該就不會出現什麼問題。

黑眉樹蛙

Smilisca phaeota

分布	哥斯大黎加、宏都拉斯、尼加拉瓜、巴拿馬、哥倫比亞、厄瓜多
體長	6～8cm左右

近年來在日本，人們一般傾向於使用黑眉樹蛙的英文名 Masked Treefrog 來稱呼。黑眉樹蛙是廣泛分布在中美洲的中型樹蛙，體型比日本雨蛙大一點、圓一點，看起來也十分可愛。市面上主要引進的是原產自尼加拉瓜的野生個體，但每隻個體的體色與花紋都不太一樣，有些全身偏綠，有些彷彿穿了褐色外衣，還有些呈現迷彩圖樣，迥異的外觀讓人乍看之下誤以為是混雜了另一種蛙。由於牠們是非常強壯的物種，而且適應乾燥與潮濕的能力不差，所以很適合第一次飼養樹蛙的人。

白氏樹蛙

Litoria caerulea

分布	澳洲、印尼、巴布亞紐幾內亞
體長	7～12cm左右

白氏樹蛙與角蛙幾乎可說是能代表所有蛙類的物種，自古以來就受到許多人喜愛，也是最常見的超級寵物蛙。不論是強壯的程度、合理的價格、體型的大小、悠哉的活動方式，都讓牠們在綜合評比中拿到非常高的分數。換句話說，如果連白氏樹蛙都養不好，最好放棄飼養其他蛙類。白氏樹蛙的雄蛙體型通常比雌蛙稍大，特有的頭部肉瘤則是成熟的雄蛙才有的特徵。不過，這個特徵在人工飼養的個體身上就不太明顯，就算有，也不像野生個體那般隆起（以最大的尺寸來看）。在過去，市面上以印尼的野生個體為主流，但近年來卻逐漸減少，取而代之的是於日本國內以及台灣穩定繁殖的幼體，白氏樹蛙的流通量似乎因此有所增加。此外，最近幾年也愈來愈有機會看到「雪花」這種由體表布滿白色班點的個體人工交配而成的物種。至於另一種名字加上「Blue」標記的個體，筆者則抱持疑問，因為真的有該標記的白氏樹蛙已經從市面上消失多年，而近年來雖然也有名字加

上「Blue」字樣的個體，但筆者認為那是人工繁殖個體特有的藍色（可參考前面〈人工繁殖的蛙類是藍色的？〉）。話說回來，即便白氏樹蛙的人工繁殖個體流通量逐漸增加，不過「完全自然繁殖」的個體在全世界卻仍罕見，尤其日本市場從未出現過。雖然許多個體標榜是日本國內人工繁殖，但其實99%都是如同角蛙與番茄蛙那樣，透過施打人類絨毛膜性腺激素所繁衍。如果能在飼養的環境（飼養箱）完全自然繁殖，那絕對是非常罕見的例子。

雪花

幼體

藍蛙

成熟的雄蛙

以黃蛙之名流通的個體

以缺黃藍之名流通的個體

巨雨濱蛙
Litoria infrafrenata

分布	澳洲、印尼、巴布亞紐幾內亞
體長	10～13cm左右

巨雨濱蛙與白氏樹蛙一樣，都是很久以前就開始流通的大型樹蛙，本種則是從印尼固定出口的野生個體。牠們的龐大體型與白氏樹蛙差不多，但是若只看長度，本種則比白氏樹蛙更長。不論顏色或表情，巨雨濱蛙都完全符合眾人心目中的青蛙形象，加上體型不小，所以有許多人想要飼養牠們。與白氏樹蛙最大的不同之處在於活動方式。牠們的跳躍力非常驚人，尤其剛進口的野生個體常會因為不安而在飼養箱裡撞得鼻青臉腫。如果撞傷之後能夠痊癒那就還好，但有些個體卻會因為這些傷口

而拒絕進食，甚至因此死亡。所以建議大家在飼養箱內部多配置假花、植物或筒狀的橡木樹皮，讓巨雨濱蛙有機會躲起來休息，同時也要避免干擾牠們的生活，讓牠們慢慢習慣飼養環境。大致上，只需要準備與白氏樹蛙一樣的飼養環境即可。雖然牠們喜歡略高的溫度與濕度，但由於適應力很強，所以不用太過擔心。

沙漠樹蛙
Litoria rubella

分布	澳洲、印尼、巴布亞紐幾內亞、東帝汶
體長	2.5～4.5cm左右

雨濱蛙屬（*Litoria*）包含了白氏樹蛙與巨雨濱蛙這兩大物種，這讓人以為所有雨濱蛙屬的個體都很大隻，但其實也有體型嬌小的物種存在。要注意的是，牠們都是澳洲原生種，很少在寵物市場流通，尤其沙漠樹蛙更是罕見。雖然沙漠樹蛙的主要棲息地是澳洲，但印尼或巴布亞紐幾內亞產的個體偶爾會在市場上少量流通，可惜數量實在太少，很難有機會見到牠們。圓圓的臉蛋與黑黑的眼睛非常可愛之外，個頭嬌小的沙漠樹蛙也擁有很強

的適應力，是非常強壯的物種，極適合當做寵物。基本上，只要為牠們準備一般飼養樹蛙的環境即可，但相較白氏樹蛙，牠們偏好稍微乾燥的環境，所以不要噴太多水霧，也不需要保濕設備。

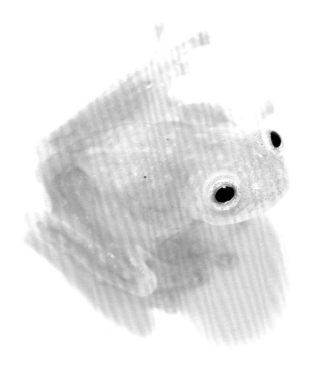

弗氏玻璃蛙

Hyalinobatrachium fleischmanni

分布	從墨西哥中部以南經中美大陸，直到哥倫比亞、厄瓜多、委內瑞拉（南美大陸北部）
體長	2～3cm左右

早期曾流傳著「足以代表中美洲的樹蛙非紅眼樹蛙莫屬」這種說法，但弗氏玻璃蛙可說是徹底顛覆了這個印象。在過去，弗氏玻璃蛙只被視為「小型樹蛙之一」，但是到了2010年代中期，本種在社群媒體的散播之下，瞬間搏得眾人目光，而且人氣始終不墜。弗氏玻璃蛙的最大特徵當然是能看到內臟的透明身體，但可愛的表情也是牠們受歡迎的一大因素。近年來，尼加拉瓜產的野生個體全年流通量都很穩定，所以很容易購得。弗氏玻璃蛙的個頭嬌小，所以許多人以為牠們很難養，但其實牠們比想像中強壯，只要依照飼養樹蛙的方式照料即可。唯一要注意的是，必須持續餵牠們吃小隻的活昆蟲。

腹面

熊拉帕爾馬玻璃蛙

Hyalinobatrachium valerioi

分布	哥斯大黎加、巴拿馬、哥倫比亞、厄瓜多
體長	2～3cm左右

熊拉帕爾馬玻璃蛙在玻璃蛙之中，算是花紋特別花俏的種類。隨著弗氏玻璃蛙的知名度愈來愈高，熊拉帕爾馬玻璃蛙也逐漸打開知名度，成為愈來愈多人想要飼養的蛙種。不過相較於其他種，本種的主要原產國都在南美一帶，輸出與捕捉因此相對困難，導致野生個體的流通量不太穩定。好不容易這幾年有歐盟的人工繁殖個體少量進入市場，並且輸入日本，想必已有許多人等著飼養牠們。此外，日本國內也屢次傳出成功繁殖本種以及其他玻璃蛙的案例，相信日後會有更多人工繁殖的個體在日本市場出現。

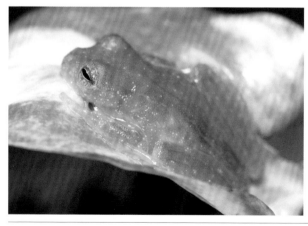

粉末玻璃蛙
(奇里基玻璃蛙)

Teratohyla pulverata

分布	宏都拉斯西北部到哥倫比亞、厄瓜多西北部
體長	2～3cm左右

從「粉末玻璃蛙（Powdered glass frog）」這個名字便可知道，牠們的身體呈現通透的綠色，體表還布滿如同細雪的白色斑點，全身散發著高雅的氣息。俗名中的「奇里基」源自棲息地之一巴拿馬的奇里基省，但市面上幾乎沒有巴拿馬產的個體，本種與弗氏玻璃蛙一樣，幾乎都來自尼加拉瓜。粉末玻璃蛙偶爾會混在弗氏玻璃蛙之中，想飼養的人要特別注意這點。飼養方面，只要依循其他玻璃蛙的方式照料，應該就不會有問題。

東京都（伊豆大島）產

森樹蛙

Rhacophorus arboreus

分布	日本（本州與佐渡島） ※伊豆大島為人為分布地區
體長	4～8cm左右

若問哪種美麗的大型樹蛙足以代表日本，那當然非森樹蛙莫屬。顧名思義，這種樹蛙棲息在森林深處，比起日本雨蛙以及後述的施氏樹蛙更遠離人煙，尤其喜歡在白天的時候躲在樹上或土裡。森樹蛙「嘎啦啦啦啦」的叫聲渾厚又帶點沙啞，非常獨特且相當響亮，然而，即便聲音近在身旁，要想在白天見到牠們卻是難如登天。本種特殊的繁殖形態常常被當成話題討論，電視媒體也不時在牠們的繁殖時期前往知名的棲息地，拍攝大量卵泡垂掛的畫面。不過，森樹蛙的繁殖地、池子或地區通常都被指定為「國家天然紀念物」，所以若想捕捉牠們，務必事先調查清楚，就算是在非保護區，也請盡可能不要濫捕。森樹蛙身上的紋路會隨著地區而有明顯差異，有些是沒有半點紋路的純綠色，有些則是背上布滿紅色網紋，目前已知道的是，這些紋路與遺傳有關。雖然牠們算是強壯的物種，但從主要的棲息地為森林這點就可得知，高溫悶熱的環境不利牠們生存。此外，剛捕捉到的個體通常不肯進食，所以最好選個大一點的飼養箱，並且在箱子裡面設置一些可供躲藏的地點，讓牠們慢慢熟悉環境。

攝影地：東京都

愛知縣產

攝影地：京都府

攝影地：岡山縣

繁殖期的森樹蛙

施氏樹蛙

Rhacophorus schlegelii

分布	日本（本州、四國、九州與周邊的離島） ※對馬市除外
體長	3～5cm左右

施氏樹蛙與日本雨蛙一樣，都是足以代表日本的蛙種，也分布於日本各地。大部分的個體呈現鮮綠色，但也有背上布滿黃色斑點的個體。雖然施氏樹蛙與前面提到的森樹蛙同屬，但牠們的生活圈多與日本雨蛙重疊，而且白天經常會藏身在土裡（例如水田邊緣的泥土之中）。應該有不少人在外出觀察時遇到下列情況：「明明聽到叫聲，也知道牠們躲在半徑1m內，但就是找不到牠們在哪裡」。施氏樹蛙與日本雨蛙的外形雖然相似，但只要看久了就能立刻看出兩者的鼻尖形狀不同。真正的問題在於分辨施氏樹蛙與森樹蛙，因為「施氏樹蛙的大型雌蛙」與「沒有任何斑點的森樹蛙的小型雄蛙」長得非常像，因此在牠們棲息地重疊的區域，很多人會混淆和誤認。雖然沒辦法在一開始區別牠們，不過本種後肢的蹼不太發達，而森樹蛙的腳趾較長，蹼也相對發達，這可說是兩者最大的不同點。另外要注意的是，牠們的前肢都有蹼。此外，本種的虹膜是黃色，森樹蛙的則偏紅色，然而有些森樹蛙的虹膜也偏黃色，所以很難單憑這點分辨（不過，只要是紅色，就一定是森樹蛙）。至於飼養方面，依照日本雨蛙的方式照料即可，但某些個體相當容易緊張，也不太願意被餵食，所以剛開始飼養時，最好能夠多準備幾個藏身的地方，幫助牠們適應環境。

沖繩樹蛙

Rhacophorus viridis viridis

分布	日本（沖繩本島、伊平屋島、久米島）
體長	4〜7cm左右

本種的分布範圍在日本的南邊，剛好與森樹蛙和施氏樹蛙的棲地錯開。相較於這2種樹蛙，沖繩樹蛙的體型較扁平，臉部（鼻尖）也較細長，所以給人一種全身修長的感覺。牠與後面提到的奄美樹蛙是亞種關係，除了腹部的顏色與叫聲有些不同，其他的部分幾乎完全一樣。不過，兩者的棲息地都是以「島」為單位，不會重疊，所以不太可能將牠們混淆。每年都能在寵物市場見到沖繩樹蛙的身影，但本種幾乎都是在繁殖期捕捉，因此個性很神經質，也無法接受餵食。或許是因為繁殖期的雄蛙滿腦子只想著交配，不少個體寧可餓死也不吃。在這種情況下，可以讓牠們成功交配，或是調整溫度，將牠們

從「繁殖模式」切換成「一般模式」。從這點來看，本種實在不算是容易飼養的物種。此外，山原地區（沖繩縣北部的森林區域）已被列入世界遺產，該地區禁止捕捉生物（以2023年而言，國頭村為了保護自然環境，禁止車輛於夜間行駛）。如果各位有機會飼養牠們，請務必試著繁殖。

雌蛙

奄美樹蛙

Rhacophorus viridis amamiensis

分布	日本（奄美大島、加計呂麻島、德之島）
體長	4.5〜6cm左右

奄美樹蛙是沖繩樹蛙的亞種，分布在沒有沖繩樹蛙棲息的島嶼。本亞種的腹部明顯偏黃，叫聲也較為嬌嫩（與施氏樹蛙相近）。雖然本亞種個性有點神經質，但比較容易接受餵食。不過，進入繁殖期之後，常常出現不願進食的情況，所以沒有信心飼養牠們的人，最好不要輕易嘗試。

白頜大樹蛙

Rhacophorus maximus

分布	中國西南部、尼泊爾、越南北部、泰國北部等
體長	8～12cm左右

白頜大樹蛙是亞洲最大型的樹蛙，牠的種名 *maximus* 完全說明了其體型有多麼巨大。乍看之下，白頜大樹蛙似乎只是日本樹蛙的放大版本，但本種四肢的蹼都非常發達，所以硬要說的話，其實牠們比較接近飛蛙（Flying parachute frog）。早期可於各地看到流通的野生個體，但2010年代之後，野生個體的數量銳減，直到最近幾年，來自越南的人工繁殖個體（有可能是FH個體）才開始穩定地流入市場。然而奇怪的是，這些人工繁殖的個體有很多都是畸型，尤其四肢的部分特別明顯，所以購買時，一定要特別留意。雖然白頜大樹蛙有許多體色偏藍的個體，但情況應該與白氏樹蛙一樣，還請大家參考〈人工繁殖的蛙類是藍色的？〉（P.35）。一般來說，人工繁殖的個體比較容易飼養，但白頜大樹蛙的跳躍力十分驚人，為了避免牠們受到驚嚇，沒事千萬不要過度干擾，並為牠們準備一個能夠安穩生活的環境。

雌蛙

黑蹼樹蛙

Rhacophorus reinwardtii

分布	印尼（蘇門答臘島、爪哇島）、馬來西亞（包含婆羅洲）
體長	4～8cm左右

與施氏樹蛙同屬的黑蹼樹蛙擁有綠色的體色、橘色的側腹與腹部，以及橘色與深藍色的四肢，看起來十分繽紛。與日本和台灣一般的樹蛙相比，牠們獨特的配色超出人們的想像，因此吸引了眾多愛好者的目光，從以前到現在希望擁有牠們的人也多不勝數。此外，不少人都知道牠們的另一個名字「parachute frog」。雖然黑蹼樹蛙擁有非常發達的趾間蹼，但比起在水中游泳，牠們更常將張開的蹼當成降落傘使用，從樹上一躍而下或是在樹木之間移動。可惜的是，由於飼養空間有限，99％沒機會展現這項絕技（如果能準備大於5m立方的飼養箱，那就另當別論）。不論過去或現在，市面上都有印尼與馬來西亞產的黑蹼樹蛙少量流通，但牠們與其他樹蛙一樣容易感到緊張，進口時的狀態通常不太好，所以成功長期飼養的案例也不多。雖然本種棲息環境的溫度比其他種類的飛蛙來得高，但不需要為牠們提供過於溫暖的飼養環境，因為這麼做會適得其反，只需準備通風良好的大型飼養箱就夠了。

黑掌樹蛙（華萊士飛蛙）

Rhacophorus nigropalmatus

分布	印尼（蘇門答臘島）、馬來西亞（包含婆羅洲）、緬甸南部、泰國南部
體長	8～10cm左右

顧名思義，黑掌樹蛙四肢的蹼是黑色的，腳趾以及周邊則是黃色，2種顏色形成強烈的對比。這種大型飛蛙的別名為華萊士飛蛙（Wallace's Flying Frog），其源自第一個發現牠們的生物學者華萊士。市面上的個體以馬來西亞的野生個體為主，但數量非常稀少，而且只有特定的季節才會出現，流通量因此極不穩定。若從棲息地的國家來看，或許會覺得牠們很耐熱，但其實黑掌樹蛙主要生活在海拔略高的區域，所以，飼養牠們的時候，必須特別注意高溫與悶熱的問題，也要經常幫牠們打掃環境。本種成功飼養超過1年的案例少之又少，因此若打算飼養牠們，務必先做好萬全的準備。

諾哈亞蒂樹蛙

Rhacophorus norhayatii

分布	馬來西亞、緬甸南部、泰國南部、印尼
體長	6.5～8.5cm左右

諾哈亞蒂樹蛙與先前介紹的黑掌樹蛙長得很像，但牠們趾間蹼的顏色是黑底藍斑，有些個體則是連腹部與頸部下方也布滿這種花紋。兩者最明顯的差異在於黑掌樹蛙的腳趾為黃色，但本種位於外側的腳趾為綠色，內側腳趾的顏色則和蹼相同（藍色），所以應該不難分辨牠們才對。最近幾年，馬來西亞產的諾哈亞蒂樹蛙猶如新星般進入市場，但其實早在2010年就有物種相關的記錄，因此牠們之前很可能被誤認為黑掌樹蛙或黑蹼樹蛙。雖然日本進口與飼養的案例都不多，但根據牠們的主要棲息地位於馬來西亞的金馬崙高原，以及參考少數的飼養範例，可以得知諾哈亞蒂樹蛙與其他飛蛙一樣不耐高溫與悶熱。要想成功飼養牠們，恐怕重點在於幫助牠們度過高溫的夏季。

馬來亞飛蛙

Rhacophorus prominanus

分布	馬來西亞、印尼（蘇門答臘島、爪哇島）、泰國南部
體長	6～7.5cm左右

一般來說，身體如此通透的物種大多出現在南美洲，但在亞洲，馬來亞飛蛙可謂這種蛙類的代表，尤其幼體時期，其透明程度甚至不亞於玻璃蛙。雖然這種通透感會隨著成長慢慢消失，但取而代之的是帶有透明光澤的萊姆綠，加上後肢成為亮點的紅色趾間蹼，整體呈現出非常時尚的配色。馬來亞飛蛙的體型比其他飛蛙來得扁平，給人一種苗條或瘦弱的感覺，但這就是本種的標準體型，飼養時，千萬別讓牠們吃得太胖。從很久以前，馬來西亞產的野生個體就定期進入市場，但牠們比其他種更怕悶熱與高溫，所以進口之後的狀態都不太理想，

也有不少拒絕吃餌而餓死的案例。因此，幾乎沒有人能成功長期飼養。不過近年來，隨著運送方式確立，以及更了解牠們的習性，進口狀況大幅改善，日本國內也總算出現幾個成功繁殖的案例。人工繁殖的個體從幼體開始就願意吃餌，也比較能適應環境的變化，所以飼養野生個體失敗的人，不妨試著飼養人工繁殖的個體。

雙斑樹蛙（脇腹飛蛙）

Rhacophorus bipunctatus

分布	馬來西亞、泰國西部、緬甸、孟加拉、印度東部等
體長	3.5～6.5cm左右

在飛蛙之中，雙斑樹蛙屬於趾間蹼不那麼發達的物種，外貌也比較接近樹蛙。種名 *bipunctatus* 的 *bi* 與 *punctatus* 分別為「2個的」以及「斑點」之意，代表牠們的左右側腹各有2個斑點，這也是為什麼牠們被稱為「雙斑樹蛙」的原因。牠們的體色變化豐富，會從薄荷藍轉成淡紅褐色或淡綠色，但這並非個體差異之故，而是如同變色龍或日本雨蛙那樣隨著環境或心情改變外表。尤其白天與夜晚的體色大不相同，所以飼養牠們的時候，不妨試著觀察看看。從很久以前開始，市面上就有許多馬來西亞產的個體，而本種比其他飛蛙強壯，不需要為牠們特別準備低溫的生活環境，因此飼養難度較低。此外，牠們也比較願意吃餌，所以只要依照飼養樹蛙的方式照料，就不會有什麼問題。

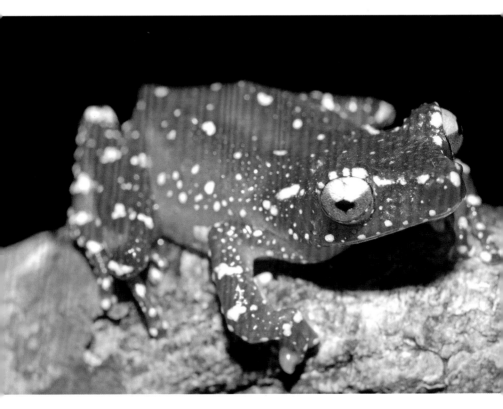

紅腹錦蛙

Nyctixalus pictus

分布	馬來西亞（包含婆羅洲）、泰國南部、印尼（蘇門答臘島、包含婆羅洲）、菲律賓（巴拉望島）
體長	3～4cm左右

紅腹錦蛙擁有麋鹿般尖尖的鼻子，體色則是紅底（橘底）搭配猶如雪花的白色斑點。這種很適合在聖誕節亮相的小可愛眼皮上方有一塊淡淡的白色，看起來就像是長長的睫毛一般。雖然紅腹錦蛙與近親的珍珠蛙（*Nyctixalus margaritifer*）酷似，但珍珠蛙只棲息於印尼的爪哇島，因此兩者很少在進口時混淆。此外，珍珠蛙的體表有細小的突起物（顆粒狀皮膚），所以應該不難區分。近年來，馬來西亞的野生個體在市場上的流通量也

相對穩定。乍看之下，紅腹錦蛙似乎很容易夭折，但其實牠們適應環境的能力比想像中來得強，只要注意高溫與悶熱的問題，長期飼養絕非奢望。最近幾年日本國內也傳出成功繁殖的案例，所以之後說不定有機會購得人工繁殖的個體。

越南苔蘚蛙（苔蘚蛙、莫絲蛙）

Theloderma corticale

分布	越南中部以北、寮國東部、中國南部
體長	6～9cm左右

應該沒有樣貌與名稱如此一致的青蛙了吧？不管是誰，只要看到這副比日本的石川蛙長得更像青苔的模樣，恐怕都會永生難忘。2000年代初期，越南苔蘚蛙的人工繁殖個體便開始少量進入市場，但當時筆者不知道正確的飼養方式，雖然費盡苦心調整飼養環境的溫度或濕度，最後仍以失敗告終，真是一段辛酸的回憶。幼體期的體色為亮綠色，散發一種生氣勃勃的感覺，隨著慢慢長大，體色會逐漸變深，直到成體成為完全的深綠色。越南苔蘚蛙的主要來源為越南北部，早期以野生個體為主，這幾年的流通量則銳減，取而代之的是歐盟與日本的人工繁殖個體。由於人工繁殖個體的流通量較為穩定，所以有更多的機會見到牠們。至於飼養方面，儘管當初非常辛苦，但由於目前已經建立了一套完整飼養方式，所以越南苔蘚蛙的人工繁殖個體被歸類為容易飼養的種類，只要注意高溫與悶熱，就能以飼養樹蛙的方式照料而不會有什麼問題。要留心的是，牠們很少待在牆面與葉子背面，比較常躲在流木、橡木樹皮或青苔下面，所以布置飼養箱時要考慮到這點，為牠們準備一個稍微不同的飼養環境（例如飼養半樹棲壁虎的環境）。

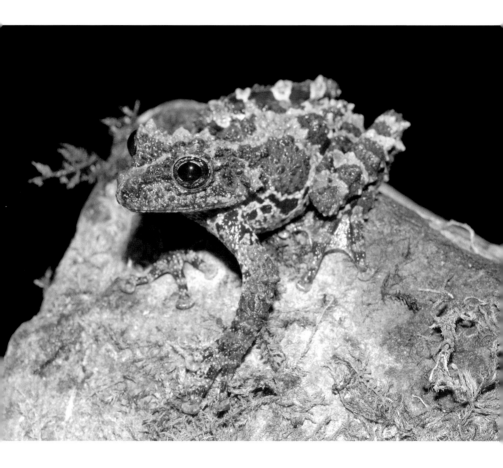

雙色棱皮樹蛙

Theloderma bicolor

分布	越南北部、中國南部（範圍都很小）
體長	4〜5cm左右

雙色棱皮樹蛙看起來有點像剛剛介紹的越南苔蘚蛙，但體型比較瘦小，然而，兩者之間完全沒有任何關聯。雖然外貌與越南苔蘚蛙相似，不過還是能從背部的斑紋或腹部的花紋，以及本種側腹才有的黑色斑點區分牠們。雙色棱皮樹蛙的棲息地與越南苔蘚蛙相近，但是雙色棱皮樹蛙比較喜歡高海拔的場所，因此，設置飼養環境時，必須特別注意高溫與悶熱的問題。雙色棱皮樹蛙在日本國內有不少成功繁殖的案例，只要在飼養牠們的時候，讓牠們保持健康，應該就有機會繁殖。以現況而言，偶爾才能在市場上看到野生個體，所以更讓人期待日本國內的人工繁殖個體能夠穩定供應。

白斑小樹蛙

Theloderma asperum

分布	印尼（蘇門答臘島）、馬來西亞、泰國西部～北部、寮國、柬埔寨、越南、緬甸、印度東北部等
體長	2.5～3.5cm左右

大部分棱皮樹蛙屬（*Theloderma*）的蛙類都會擬態為青苔或樹皮，然而白斑小樹蛙卻是其中的異端。本種在英語圈的另一個名字為Bird poop frog（鳥糞蛙），那白黑雜混的體色，看起來的確很像鳥糞，擬態的功力可說是一流。雖然牠們的分布範圍稍微比其他種來得廣泛，但在日本市場流通的個體幾乎都是來自馬來西亞，而且流通量比同屬的其他種更加穩定。飼養時，只需依照同屬其他種的方式照料就不會有什麼問題，再說，牠們的適應力也比其他種更強，所以個頭嬌小可完全不是牠們的弱點。

棱皮樹蛙（馬來棱皮樹蛙）

Theloderma leprosum

分布	印尼（蘇門答臘島）、馬來西亞
體長	6～8cm左右

雖然新種的記錄非常老舊，但棱皮樹蛙大概是在2010年左右進入日本市場。在同屬中，本種的體型足以與越南苔蘚蛙匹敵；看起來如同直接將越南苔蘚蛙染成褐色的外表，以及點綴在趾尖與蹼的亮眼紅色（橘色），讓我在第一次見到牠們的時候為之驚豔。此外，在區分外觀與牠們相似的印支棱皮樹蛙（*Theloderma gordoni*）時，那些趾尖與蹼的顏色也起了不少作用。原以為棱皮樹蛙進入市場之後，就能穩定流通，沒想到由於牠們的棲息地過於狹窄，個體數量不多，加上人工繁殖一直不成功，所以到目前為止，流通量始終不穩定。目前日本市面以馬來西亞的野生個體為主，但單次進口的數量非常少。棱皮樹蛙的棲息地為涼爽的高地，因此與其他種一樣不耐高溫與悶熱，也常在運送過程中變得虛弱，所以購買的時候，一定要確認牠們的皮膚是否有潰爛的跡象。

亞種非洲蘆葦蛙（*Hyperolius viridiflavus taeniatus*）

變色蘆葦蛙

Hyperolius viridiflavus

分布	肯亞、烏干達、坦尚尼亞、蘇丹、衣索比亞、盧安達、蒲隆地、剛果民主共和國、中非共和國等（依亞種與變異個體而定）
體長	2～3.5cm左右

坦尚尼亞產

顧名思義，變色蘆葦蛙真的會變色，而這個名字指的是於非洲大陸東側廣泛分布的亞種以及各地區的變異個體。據說變色蘆葦蛙的種類超過20種以上，有些個體在紋路上的差異之大，讓人無法想像牠們屬於同種，也因此分類方式有可能還會再調整。從棲息地如此廣泛這點便可得知，變色蘆葦蛙擁有驚人的適應力，也是非常強壯的物種，不過牠們不太喜歡潮濕悶熱的飼養環境，所以最好準備通風良好的飼養箱。這種飼養條件也能套用在後續介紹的各種蘆葦蛙身上。

黃色蘆葦蛙

Hyperolius puncticulatus

分布	坦尚尼亞
體長	2～3.5cm左右

與另一種阿古斯蘆葦蛙（*Hyperolius arugus*）同為代表坦尚尼亞的蘆葦蛙。黃色蘆葦蛙的英文名字為Gold Sedge frog（金色莎草：薹草屬）。雖然牠們的個體差異與地區差異不像變色蘆葦蛙那麼明顯，但還是常讓人分不清楚。此外，雌蛙與雄蛙在成長過程中都會變色，幼體與成熟雄蛙的體色通常會從淡綠變成偏紅再轉成黃綠色，而且鼻尖到頭部兩側會長出V型白線。成熟的雌蛙與部分雄蛙的體色則會轉換成深橘色，以及從鼻尖到頭部兩側長出比一般雄蛙更粗的V字斑紋，有時這條斑紋甚至會延伸至側腹。這種隨著性別或成熟程度而變色的特性算是蘆葦蛙的特徵之一。雖然牠們這麼可愛，又很有魅力，但坦尚尼亞從2014年起禁止所有生物出口，所以到目前為止都無法在市面見到牠們。由於日本與其他國家尚未傳出成功繁殖的案例，因此只要坦尚尼亞還沒開放出口，就幾乎不可買到牠們。

石灰蘆葦蛙

Hyperolius fusciventris

分布	獅子山到喀麥隆的各國大西洋沿岸
體長	2～3cm左右

石灰蘆葦蛙是足以代表西非的蘆葦蛙之一。早期將牠們的學名誤認成「*Hyperolius concolor*（鮮綠非洲樹蛙）」，但其實石灰蘆葦蛙真正的學名為*Hyperolius fusciventris*。從上圖來看，石灰蘆葦蛙似乎只是普通的綠色蛙類，但其實本種真正的魅力在於腹面。橘色的趾尖、大腿與手掌的紅色色塊，以及白色腹部的不規則大型黑色斑點，都讓人覺得既花俏又時尚。儘管很久之前就有來自迦納和多哥的個體，且由於過去較為流行的是坦尚尼亞的蘆葦蛙，所以石灰蘆葦蛙經常乏人問津，然而，其實有不少飼養者非常喜歡牠們那若隱若現的色彩。在蘆葦蛙之中，石

灰蘆葦蛙算是個頭比較嬌小的類型，不過牠們非常強壯，只要與其他種一樣，為牠們準備通風良好的環境以及穩定提供小型昆蟲，就不難飼養。

果凍樹蛙

Hyperolius pusillus

分布	索馬利亞南部、肯亞、坦尚尼亞、莫三比克、南非共和國東部
體長	1.5～2cm左右

這是足以代表非洲的透明蛙。通透淡綠體色的魅力完全不輸給近年來備受矚目的北方玻璃蛙（Northern glass frog）。果凍樹蛙的體色會有個體或地區的差異，有的會出現黑色斑點，有的則是鼻尖到身體側邊的白線顏色較濃厚。分辨雌蛙與雄蛙的重點在於喉部，成熟的雄蛙會是乳白色，雌蛙則是與體色相同的綠色。過去多以坦尚尼亞產的個體為主，但一如黃色蘆葦蛙的章節所述，目前已無法從坦尚尼亞進口任何物種，後續也未見開放的徵兆。由於其他地區也不可能出口果凍樹蛙，所以今後應該還是難以看到牠們在市面出現。

點綴蘆葦蛙

Hyperolius guttulatus

分布	從獅子山到喀麥隆、加彭的各國大西洋沿岸
體長	2.5～3.5cm左右

點綴蘆葦蛙與先前介紹的石灰蘆葦蛙都是足以代表西非的蘆葦蛙。顧名思義，點綴蘆葦蛙的最大特徵在於黑色的體色搭配黃色或橘色的細點，但這種紋路與黃色蘆葦蛙一樣，都會隨著性別、幼體或成體而不同。幼體或大部分成熟的雄蛙是淡黃綠體色搭配黑色細點，而成熟的雌蛙與部分成熟的雄蛙則和本種普遍熟知的姿態一樣，是黑色體色搭配橘色細點。目前市面上的主流為迦納、多哥、奈及利亞產的個體，由於流通量十分穩定，而且單次的流通量也很高，所以非常有機會買到牠們。

雌蛙

里根巴赫蘆葦蛙

Hyperolius riggenbachi

分布	喀麥隆、奈及利亞東部
體長	2.5～4cm左右

在體色通透多彩的蘆葦蛙之中，里根巴赫蘆葦蛙擁有非常特殊的體色，他們那霧面黑的體表搭配青銅色的幾何紋路，實在讓人難忘。不過，本種與其他種一樣，體色會隨著性別、幼體或成體而不同。幼體與大部分成熟的雄蛙都是略帶褐色的淺綠色，成熟的雌蛙與一部分成熟的雄蛙則是如本種普遍熟知的姿態一樣，是霧面黑搭配青銅色幾何紋路的模樣。目前的市場以喀麥隆、奈及利亞產的個體為主流，然而相較其他棲息於西非的蘆葦蛙而言，流通量並不穩定。此外，成功繁殖的案例雖然少得與流通量不成比例，但透過飼養者的悉心照料，目前已在飼養環境下完全自然繁殖的單一案例（不是一進口就已經懷孕的情況）。由於黃色蘆葦蛙也有難以在市面流通的情況，所以希望今後這類繁殖的案例能愈來愈多。

亞種 *Afrixalus dorsalis dorsalis*

非洲棕香蕉蘆葦蛙

Afrixalus dorsalis

分布	從獅子山到加彭、剛果、剛果民主共和國、安哥拉北部的各國大西洋沿岸
體長	2〜3cm左右

近年來市面流通的「香蕉蘆葦蛙」通常就是在指本種，而亞種則有 *Afrixalus dorsalis dorsalis* 與 *Afrixalus dorsalis regularis* 這2種（一說認為有3個亞種，但目前未有定論），然而一般情況下並不會先分類再進口。另外，在進口過程中，也常有其他種的香蕉蘆葦蛙混入其中的情況。牠們的分布範圍非常廣泛，包含西非以及非洲中部與西南部，但市面上以多哥、迦納產的個體為主，而且定期出口。非洲棕香蕉蘆葦蛙雖然嬌小，但非常強壯，能適應一定程度的高溫與乾燥，所以就算是第一次飼養樹蛙的人，只要能買到活的小昆蟲，就可以試著照料看看。不過，由於牠們擁有出人意料的驚人跳躍力，因此照顧的時候要特別留心。

銀背樹蛙

Afrixalus fornasini

分布	索馬利亞南部、肯亞、坦尚尼亞、莫三比克、辛巴威、南非共和國東部
體長	3〜4cm左右

銀背樹蛙與非洲棕香蕉蘆葦蛙雖然相似，但體型稍微大一點，兩側的白色紋路也更加清晰寬大，有些個體甚至整個背部都是白色的。在個體差異不明顯，難以區分種類的香蕉蘆葦蛙屬之中，銀背樹蛙可以說是十分容易辨別。本種與非洲棕香蕉蘆葦蛙一樣，都屬於非常強壯的物種，並引起人們飼養的興趣，然而銀背樹蛙主要的棲息地位在非洲大陸東側到南非共和國一帶，而這些國家到2023年為止，均為對出口生物有所限制的國家，所以流通量不太樂觀。

綠色的成體

非洲大眼蛙 (坦尚尼亞大眼樹蛙)

Leptopelis vermiculatus

分布	坦尚尼亞
體長	4～7cm左右

從很久以前，非洲大眼蛙就是為人熟知的大型蘆葦蛙。由於牠們的體型碩大，體質又強壯，因此若是資深的飼養者，應該都有曾經飼養過。調查本種的資料之後，發現牠們還有金屬綠或棕褐色的個體，而且這2種個體都是貨真價實的本種。非洲大眼蛙被歸類為小黑蛙屬（*Leptopelis*），這種類別的體色通常會隨著幼體、成體與性別而不同；幼體與少部分成熟的雄蛙是金屬綠底色搭配細微的黑色網狀紋路，因為這種紋路看起來很像是被蟲子咬過，所以牠們的種名為*vermiculatus*（蟲咬）。另一方面，成熟的雌蛙與大部分的雄蛙則是棕褐體色搭配以頭頂為頂點的三角形紋路，有些個體還會摻雜一些綠色。由於成熟的雌蛙與雄蛙都是棕褐體色，所以不是那麼容易分辨性別，但雌蛙通常會長到比預期的還要大，因此或許能透過體型分辨雌雄。非洲大眼蛙的叫聲有一

種難以筆墨形容的可愛感，曾經飼養牠們的人都異口同聲地形容其為「貓叫聲」。雖然也有日文名字是貓叫聲的物種（*Physalaemus biligonigerus*），但非洲大眼蛙的叫聲實在太像貓咪，讓人不禁覺得非洲大眼蛙才應該被稱為貓蛙才對。早期非洲大眼蛙的流通量高得足以代表非洲，但是當坦尚尼亞在2014年禁止出口生物之後，牠們就與黃色蘆葦蛙一樣，在市面銷聲匿跡。本種也只於坦尚尼亞棲息，所以目前還無法期待流通量恢復往日榮景，也無法期待歐盟地區繁殖的個體進入市場。

成體

烏盧古魯樹蛙

Leptopelis uluguruensis

分布	坦尚尼亞東北部（範圍很狹窄）
體長	3〜5cm左右

屬於中型樹蛙的烏盧古魯樹蛙被譽為最受歡迎、最可愛、最美麗的非洲樹蛙。應該還有不少日本人記得因為牠的眼睛又黑又大，而在某支個人信貸廣告中被稱為「眼睛水汪汪的青蛙」吧。烏盧古魯樹蛙的體色為淡淡的薄荷綠，有些個體則會帶有乳黃色的斑點，這不禁讓人覺得，該不是為了討人類喜歡，所以才長成這樣的色彩吧。本種的體色不會因為性別或成熟程度而改變。雖然牠們的個性比非洲大眼蛙稍微敏感些，但也是體質很強壯的物種，只要環境不會過於乾燥和高溫，就不難飼養。不過，就如種名*uluguruensis*所述，牠們僅在坦尚尼亞的烏盧古魯山脈一帶棲息，且範圍極小，因此與其他坦尚尼亞原生種一樣，近年來已於市面消失。大部分的蘆葦蛙都很難繁殖，日本與其他國家也鮮少傳出成功繁殖的案例，所以日後在市面見到人工繁殖個體的機會可說是微乎其微。

夜靈蛙

Leptopelis spiritusnoctis

分布	從獅子山到喀麥隆的各國大西洋沿岸
體長	3〜5cm左右

自從坦尚尼亞宣布全面禁止出口生物之後，小黑蛙屬（*Leptopelis*）的流通量就變得非常少，然而，夜靈蛙卻順利彌補了這份空缺。乍看之下，渾身棕褐色的牠們好像平凡無奇，但仔細一瞧就會發現，牠們的眼睛上方（眼皮附近）有一抹像是眼影的淡紅色彩，與圓滾滾的小黑蛙身材非常相襯，看起來很可愛。本種的主要棲息地為西非，市面上則以迦那、多哥產的個體為主，流通量也相對穩定，因此，即便想購買時缺貨，也只需稍微等待一下就能得償所願。夜靈蛙與其他蘆葦蛙一樣都很強壯，也願意吃餌，只要避免環境悶熱就可順利飼養。

紅樹蛙

Leptopelis rufus

分布	奈及利亞南端到剛果民主共和國的各國大西洋沿岸
體長	4.5～8.5cm左右

說紅樹蛙是非洲大陸體型最大的樹蛙也不為過。尤其某些大型雌蛙的體型更是足以與大型白氏樹蛙一較高下。紅樹蛙的特徵在於棕褐色的體色搭配背上不明顯的帶狀條紋，在身體紋路通常呈不規則狀的小黑蛙屬之中，算是很少見的條紋。至於牠們的棲息地，與其說位於西非，其實更偏向內陸地區。目前市場上主要供應的是喀麥隆產的個體，但數量與出口次數都很低，因而不容易

見到牠們。由於紅樹蛙的個頭不小，跳躍力又很強，所以最好為牠們準備一個能夠安心生活的環境。此外，本種不像小黑蛙屬的其他種那麼耐高溫與乾燥，因此飼養的時候，務必要在這個部分多花一點心思。

喀麥隆森林樹蛙 (喀麥隆大眼樹蛙)

Leptopelis brevirostris

分布	喀麥隆、赤道幾內亞、加彭
體長	4～6.5cm左右

乍看之下，就只是平凡無奇的小黑蛙屬的綠色蛙，然而本種最大的特徵在於五官。相較其他種，喀麥隆森林樹蛙的眼睛特別突出，鼻尖則是又短又塌，讓人過目難忘。由於牠們的臉孔實在太特別，所以許多日本人便誤以為牠們的日本名字chingan（チンガオ）可以寫成「珍顏」。其實chingan的chin（チン）源自日本狆犬，而日本狆犬的面貌也很特殊，這才是喀麥隆森林樹蛙日本名字的由來。喀麥隆森林樹蛙的分布地區為喀麥隆以及非

洲中西部，偶爾可在日本市場看到來自喀麥隆的個體，但流通數量遠比其他種來得少，因此看到牠們的機會並不多。飼養時，只需要依照一般小黑蛙屬的方式照料即可，不過牠們的個性容易緊張，而且常在運輸過程中受傷，所以進口之後要多花一點心思照顧。

雌蛙

馬達加斯加蘆葦蛙

Heterixalus alboguttatus

分布	馬達加斯加東部的沿岸地區
體長	3〜3.5cm左右

馬達加斯加蘆葦蛙的體色雖然與點綴蘆葦蛙相似，但兩者卻不同屬。牠們的棲息地不是非洲大陸而是馬達加斯加，所以是馬達加斯加的原生種。本屬若是包含後續提到的馬達加斯加雨蛙，總共有10種以上，而牠們在明亮的環境下，瞳孔形狀會變成菱形。相較於非洲大陸的蘆葦蛙，牠們的體型稍微厚實，停止不動的姿態很像是炮彈。黑底白點或黑底黃點的花紋除了在背部出現，還會延伸至四肢，手掌與蹼則是亮麗的橘色。這種體色會在日夜出現些許變化。由於牠們與其他的蘆葦蛙一樣強壯，因此依照飼養蘆葦蛙的方式照料即可。不過，既然是來自馬達加斯加，飼養環境就盡量不要太高溫。從馬達加斯加出口的流通量雖然不穩定，但市面上已經出現歐美的人工繁殖個體。此外，近年來也有日本國內的飼養者在飼養環境下成功繁殖的案例，期待未來也能有穩定供貨的人工繁殖個體。

雄蛙

幼體

馬達加斯加雨蛙

Heterixalus madagascariensis

分布	馬達加斯加東部到東北部沿岸
體長	3.5〜4cm左右

馬達加斯加雨蛙與前一頁介紹的馬達加斯加蘆葦蛙一樣，從很久以前就是足以代表馬達加斯加的蘆葦蛙。雖然本種沒有花紋，但是從背部到四肢的體色都是淡淡的天空藍，讓人愈看愈著迷，搭配四肢及顎部下方的檸檬色以及趾尖的橘色，更是相益得彰，營造出淡雅的美感。本種最知名的特徵在於體色會隨著日夜不同，白天的時候（或在明亮的場所）會轉換成白中帶黃或偏黃的顏色，到了夜晚活動的時間，則會轉換成天空藍的顏色。馬達加斯加雨蛙最近幾年的流通量不高，也鮮少在市面看到人工繁殖的個體，所以不太容易購得。飼養時，只需要依照馬達加斯加蘆葦蛙的方式照料即可，此外，由於牠們也相當強壯，因此若有機會取得，請務必試著繁殖。

馬達加斯加紅眼蛙

Boophis luteus

分布	馬達加斯加東部
體長	3.5〜6cm左右

許多蛙類都被冠上「紅眼」這個名字，所以很容易混淆，但本種是只於馬達加斯加棲息的「紅眼蛙」。歸類為牛眼蛙屬（*Boophis*）的都是足以代表馬達加斯加的原生種樹蛙，且本屬有許多知名的物種。馬達加斯加紅眼蛙的體色為通透的深綠色，四肢內側以及趾尖帶有淡淡的藍色，紅色眼睛的虹膜則明顯分成2種不同的色彩，體型在牛眼蛙中也頗具分量，種種特點讓人很想飼養看看。然而，照料牠們並不是容易的事，比方說，一定得花心思為牠們準備涼爽潮濕的飼養環境。感覺上，就像是在飼養喜好低溫的有尾類吧。話說回來，其實所有的牛眼蛙都喜歡這樣的環境。目前還沒有在飼養環境下成功繁殖的案例，所以市面上也沒有人工繁殖的個體，如果想要飼養牠們，請務必先打造理想的環境。

紅背藍眼
樹蛙

Boophis rappiodes

分布	馬達加斯加東部到東南部
體長	2～3.5cm左右

這種小型牛眼蛙擁有通透的黃綠體色與滿布紅色斑紋的背部，渾身散發著美麗又時髦的氣息，讓人不禁覺得「小而美」這個詞彙就是為了牠們而生。在牛眼蛙之中，紅背藍眼樹蛙的分布範圍算是較廣泛的，或許正因為如此，流通量一直以來都比其他種多，也常有機會在馬達加斯加出口蛙類的時期看到牠們。不過，要想飼養

牠們可不簡單，尤其小型牛眼蛙經常絕食，又不耐乾燥，所以常常到貨的時候狀態就已經很差。雖然紅背藍眼樹蛙的價格不貴，但還是請大家抱著「挑戰」的心情飼養牠們吧。

馬達加斯加
藍眼蛙

Boophis viridis

分布	馬達加斯加東部
體長	3～3.5cm左右

相對於「紅眼」，本種的眼睛是「藍色」的。顧名思義，就是馬達加斯加紅眼蛙眼睛的紅色部分換成藍色的物種，這讓人不禁覺得生物真的非常奇妙。相較於馬達加斯加紅眼蛙，牠們的體色比較接近黃綠色，偶爾會帶有一點紅色，腹部與前肢內側則是藍白色。雖然分布區域較其他種稍微廣泛，但流通量不高，因此不太有機會見

到牠們。在飼養環境方面，依照其他牛眼蛙的環境準備即可。購買時，建議選擇身材結實，又沒有擦傷的個體。

大理石樹蛙
Boophis microtympanum

分布	馬達加斯加中部以東
體長	2.5～4cm左右

大部分的牛眼蛙都帶有某種透明感，唯獨大理石樹蛙是異端。牠們的體色不但比較接近雨蛙，還帶有褐色的蟲咬紋路，所以與其說牠們是牛眼蛙，倒不如說更像是雨蛙，然而，牠們的確是牛眼蛙屬。相較其他物種，大理石樹蛙分布的區域位於海拔較低之處，因此對於飼養環境的要求也稍低一些，即便如此，還是希望大家能以飼養其他種的標準，為牠們打造理想的環境。可惜的是，牠們的流通量並不像其他種那麼高，所以不太容易購得。

馬達加斯加
巨型雨蛙
Boophis goudoti

分布	馬達加斯加中部以東
體長	5～8.5cm左右

許多牛眼蛙都給人「小而美」的感覺，但其實也有不少像本種這樣體色只有褐色或灰色的物種。在牛眼蛙屬之中，本種頗具代表並擁有最大的體型，而且從很久以前就為人所知。深褐體色搭配偏紅的虹膜，加上碩大的體型，讓人覺得有點怪異。由於牠們與前面提到的大理石樹蛙一樣，都分布在海拔較低之處，體型又大（體力比較好），所以有些人認為在所有牛眼蛙之中，牠們算是比較容易飼養的種類，然而，還是不像非洲的小黑蛙那般容易，因此飼養時，務必多加留心。

綠斗蓬樹蛙

Guibemantis pulcher (*Mantidactylus pulcher*)

分布	馬達加斯加東部
體長	2～3cm左右

馬達加斯加的原生種中有許多知名物種，例如樹蛙中的牛眼蛙、地棲性蛙裡的曼特蛙或撥土蛙，在這當中綠斗蓬樹蛙算是非常小眾，而且在日本也鮮為人知，不過，實際上牠們從很久以前就開始在市面流通。綠斗蓬樹蛙的特徵為通透的綠色、尖尖的鼻子、有點不對稱的大臉，以及身體側邊的紋路和斑點，成熟雄蛙的喉嚨則是會轉變成藍白色。雖然牠們被分類為樹蛙，但其實習性比較接近半樹棲，因此在飼養環境中，常可看到牠們下到地面活動。即便流通量不高，見到牠們的機會也不多，但感覺比一般牛眼蛙更容易照料，如果能比照箭毒蛙的飼養環境為牠們打造適當的生活空間，應該會更加理想。

Q 沒有養過爬蟲類，也能飼養蛙類嗎？

A 雖然飼養蛙類的方法與飼養爬蟲類的方法有一些相近之處，但兩者終究是不同的生物。若從對水源的依賴度或放在生態缸照料的角度來看，說不定飼養熱帶魚的經驗還比較有用。不論如何，只要你是「真的很喜歡青蛙！」或「真的很想養樹蛙！」，而且想養的物種適應能力又強的話，應該就能成功。因此，請不要放棄。

Q 樹蛙通常可以活多久？

A 物種不同，生命長短也不太一樣，但其實大部分的樹蛙都比想像中長壽，比方說，有在飼養環境下活了超過10年的日本雨蛙，也有活了接近20年的白氏樹蛙。不過，多數的物種都很難長期飼養，所以能夠壽終正寢的並不多。此外，飼養的樹蛙與野生樹蛙的存活時間也無法一概而論，說得更精準一點，每隻個體的生命都長短不一（就像不是每個人都能活到100歲一樣），因此不需要太在意牠們的壽命，盡可能讓每隻個體都能活得長長久久就好。

Q 哪些是適合新手飼養的種類呢？

A 其實不管是飼養蛙類還是其他的生物，我都很不喜歡給「新手就養這種」或者「新手先從這種開始」的建議，因為每個人覺得困難的部分不一樣，而且勉強飼養自己根本不感興趣的蛙類也沒什麼意思。如果是很難照顧的物種那當然另當別論，但是大家若有喜歡的種類，而且是「稍微花點心思就能養活的」，那不妨先尋求店家的意見，再試著努力飼養牠們。不過，每個物種的流通量都不同，價格也有高有低，所以記得先向店家問清楚這些情況。

Q 能一次養很多個體嗎？

A 大部分的種類都能享受一次養許多個體的樂趣。如果想要讓雌蛙與雄蛙配對，就必須同時飼養多隻，只要不會超出飼養箱的極限即可。此外，也不用覺得「只養一隻會害牠很寂寞」。雖然就棲息地而言，大部分的蛙類都會聚在一起，但這只不過是因為牠們進入了繁殖期，蛙類並沒有特別喜歡群聚的習性。假設飼養箱的大小只容許養1隻，那麼就讓牠獨自悠哉地享受單身世界吧。

Q 可以在夏天不開冷氣的狀況下飼養牠們嗎？

A 我經常被問到這個問題，但是這跟每間房子的格局以及所在地區有關，我實在沒辦法隨口回答Yes或No。建議大家先了解房間內的溫度，再思考要不要使用冷氣以外的降溫設備，或是選擇耐高溫的物種飼養，不然就是只在盛夏的時候開冷氣，另外也可以考慮使用附自動溫控功能的空調。

Q 可以將餐巾紙或寵物尿墊當成底材使用嗎？

A 這也是很常見的問題。如果使用的是較為簡易的飼養箱，的確可將這2樣物品當成底材使用。鋪好後加裝給水器，以及配置植物或橡木樹皮即可。不過，這2樣物品都無法保水，所以要特別注意乾燥的問題。寵物尿墊雖然能夠吸水，卻沒辦法讓水分蒸發，因此很難在飼養箱內維持適當的濕度。基於上述理由，筆者不太推薦使用寵物尿墊飼養蛙類。

Q 聽說蠑螈少了腳趾會自己長回來，蛙類也有這種再生能力嗎？

A 筆者原本以為，蛙類的傷口一旦痊癒就不會再生，但其實真的有再生的例子。請大家看一下右方的照片。這隻白氏樹蛙在飼養環境中曾經因為某次意外而失去所有腳趾，沒想到過了幾個月之後，腳趾就如照片所示長了出來，雖然沒有完全長齊，但的確是恢復成「手」的形狀了。從這個例子來看，蛙類的再生能力雖然不像蠑螈那麼強，但仍或多或少存在。要注意的是，如果不是像蠑螈那樣因為互咬而少了腳趾，而是由於感染細菌才造成腳趾缺損的話，那就另當別論。此外，這部分的案例並不多，所以沒辦法確定蛙類的再生能力到達什麼程度，但當然是希望牠們的腳趾都能夠再長出來囉。

Q 樹蛙願意吃人工餌料嗎？

A 最近幾年有不少人問這個問題。一如 Chapter 1 所述，樹蛙不會將靜止的東西當成餌料，而且個性神經質的種類不少，所以許多樹蛙進食人工餌料的意願都不高。反之，也有一些可能容易餵食人工餌料的物種，例如白氏樹蛙、亞馬遜牛奶蛙、日本雨蛙、美國綠樹蛙。這幾個物種都很貪吃，因此或許會願意吃角蛙專用的人工餌料（練餌）。不過，當然也可能出現牠們抗拒的時候；所以如果是「完全不想碰觸活生生蟲子的人」，最好放棄飼養樹蛙。

到底是因為可愛，還是因為常常見到牠們，飼養日本雨蛙的人比想像中多很多

Q 可以將青蛙放在手上把玩嗎？

A 我只能回答「請不要這麼做」。一如 Chapter 1 所述，蛙類的皮膚沒有鱗片這些防禦構造，只有一層黏膜而已，非常敏感。用手觸摸牠們，等於直接碰觸牠們的皮膚，所以除非是要幫牠們更換或打掃飼養箱，否則請盡可能不要觸摸牠們。雖然確實有某些蛙類可以放在手上把玩，但不代表牠們喜歡這樣，觸摸對牠們來說，不是「無感」就是「討厭」。如果只是討厭也就罷了，要是因為把玩而導致黏膜剝落，就有可能害牠們感染疾病。此外，把玩時也可能將人類手上的細菌傳給牠們，所以實在不太建議這麼做。說得直接一點，如果偶爾真的很想為牠們拍一張照片，可以在打掃飼養箱的時候，把牠們放在手上，這種程度蛙類應該能夠容忍吧。

這是放在指尖的日本雨蛙。就算是為了打掃飼養箱而這麼做，也千萬不要抓住牠們，盡可能誘使牠們爬上指尖就好

Q 如果要外出旅行近 1 週的話，有什麼需要注意的事情嗎？

A 每個季節要注意的事情雖然不一樣，但最重要的都是溫度。尤其特別熱或特別冷的時候，最好開著空調，但不用開太強（夏天的話，維持在 28℃ 左右，冬天的話，維持在 20℃ 左右）。至於餌料方面，只要不是才剛上岸的幼體，1 週或 10 天沒餵食，不至於會有太大的影響。最糟糕的情況就是外出的時候，在飼養箱內放入大量餌料，因為不可能一次吃得完，所以作為餌料的蟲會干擾到飼養個體，造成牠們很大的壓力。雖然每次出門的天數不一定相同，但大家不妨在出門的前一天或前幾天餵一次平常的量，然後在當天更換給水器的水，以及確認水霧器沒有故障，如此就不會有問題。若還是不放心，可先換一次底材。如果會出門超過 1 週，又很擔心乾燥的話，最近市面上有利用定時器定時噴霧的水霧系統，建議常常需要出門的人選購。

Q 網路上的卵或蝌蚪賣得很便宜，會建議購買嗎？

A 如果各位是超級老手，又有豐富的繁殖經驗，當然可以抱著死馬當活馬醫的心情挑戰看看，但筆者本身是完全不推薦，因為要讓蝌蚪成功上岸不是那麼容易的事情，而且在個體要上岸的時候（從鰓呼吸變成肺呼吸的時候）溺死，或出現SLS（Spindly Legs Syndrome）這種缺少前肢或後肢的情況也非常多。這類個體都無法在蝌蚪的時期分辨，也偶爾會聽到宣稱是「○○的蝌蚪」或「○○的卵」結果上岸之後才發現，完全是不同種類的個體。所以綜合上述所言，200％不建議飼養經驗不足的人在網路上購買卵或蝌蚪。在網路上買賣生物的個人行為，往往伴隨著金錢或運輸糾紛，害怕遇上這類問題的人，請盡可能至實體店家購買。

Q 樹蛙常常待在飼養箱底部或底材裡面，是身體不舒服嗎？

A 飼養的樹蛙為了追逐餌料而跑到箱子底部的情況很普遍。尤其當飼養箱比較狹窄，高度也只有30cm或50cm時，這樣的高度在自然環境中並不算太高，說不定對樹蛙來說，飼養箱的底部並不是地面。此外，牠們也常常為了保濕而待在地面或地底。如果是大自然的環境，地面、地底、樹洞的濕氣比樹上高得多，比較有保濕的效果（土壤或落葉之中也比較潮濕）。因此當樹蛙覺得不夠潮濕時，野生的習性就會促使牠們潛入地底。假如牠們待在底材裡的時間太長或次數太多，不妨增加噴水霧的次數或分量。雖然待在底材裡不見得是壞事，但環境一直太過乾燥，會讓牠們失去活力。另一種可能就是在乾季或冬季進行的休眠。一如Chapter 3〈確認健康狀況及疑難雜症〉一節所述，有些種有所謂的休眠期，會在這段時間躲進土裡，所以有可能會躲很久。建議大家先試著找出原因，如果還是擔心，不妨與當初購入的店家討論。

Q 壺菌病是什麼疾病？

A 壺菌是種會在蛙類表皮孳生的真菌，當這種真菌繁殖到一定的程度，就會造成個體無法透過皮膚呼吸，而這種疾病就稱為壺菌病。壺菌的種類很多，會寄生在蛙類身上的稱為兩棲類壺菌，而且不管是哪種蛙，都有可能被寄生。日本在2006年首次於飼養環境下的蛙類中發現這種真菌，但從後來的研究得知，其早就根植日本，而日本國內的原生種蛙都對這種真菌有抵抗力。飼養的個體一旦發病，就會出現食欲不振、脫皮不完全的問題，也會因此慢慢地衰弱，甚至死亡。壺菌病的症狀包含脫皮次數異常增加，體表（皮膚）突然變乾、變皺，動作變得緩慢。一旦發現這類症狀，首先就是要隔離發病的個體，接著避免打掃飼養箱的手或鑷子觸碰到其他的飼養箱，以免真菌蔓延。如果還是不放心的話，可以諮詢動物醫院。近年來，壺菌病已經有一套完整的療程，只要早期治療，通常都能痊癒。

Q 我想自己捉原生種的蛙類來養，這是不道德的嗎？

A 近年來，保護大自然的意識抬頭，光是捕捉就有可能引來側目。當然，除了不可捕捉個人飼養所需之外的數量（例如從事買賣），也絕對不能捕捉保育類的蛙類；另外，如果只是為了個人飼養、繁殖或研究而捕捉，筆者覺得不算是壞事。為了捉取蛙類而前往牠們的棲息地，也是了解牠們生長環境的機會。要注意的是，不要為了捕捉而破壞棲息地，也千萬不要因此與在地人產生糾紛。除了不該隨地亂丟垃圾，更要將移動過的石頭或倒下來的樹木歸還原位；如果捕捉的是蝌

蚪，也盡可能將撈出來的落葉放回水裡。西南諸島的保育地區與保育對象每一年都在增加，所以若想前往該地捉取蛙類，請先透過網路或雜誌了解最新的保育情況。另外要特別注意的是，有時不僅特定的物種是保育對象，連帶整個地區都是保育區。

這是在愛知縣拍攝的日本雨蛙幼體。就算常常發現牠們，也絕對不能濫捕。應該先考慮自己能否妥善照料，再捕捉需要的數量。此外，也不要因為照顧不了就隨便棄養，例如，萬萬不可在遠親家附近捉了森樹蛙後，將牠放生到自家鄰近地區。就算是同種或亞種，也有可能造成基因汙染

Q 如果飼養的個體死亡，該怎麼處理呢？

A 只要開始飼養，個體就有可能基於各種理由而死亡，當然，我們也要盡力避免這類事情發生。早期都是建議埋在土裡，但最近幾年，為了預防疾病或細菌擴散，就不再主張這麼做（也為了防止兩棲類壺菌在野外蔓延）。所以，到底該怎麼做才對呢？如果是希望寵物離世後也能繼續陪伴在自己身旁的人，適合採用下述方法（小型蛙類可能不適用）：透過寵物專用的火葬處理牠們的遺體與留下牠們的骨灰，或是將牠們做成骨骼標本或透明標本。此外，如果打算埋葬牠們，只要是埋在自家陽台或大型花盆這類與自然環境沒有任何交集的地方，就不會有什麼問題。要注意的是，如果土壤太少，土中的細菌不足，分解速度將隨之變得緩慢，可能導致產生惡臭。如果心中那關過得去的話，其實也可以將牠們的遺體當成

可燃垃圾處理，雖然這種方法比埋在公園或深山更好，不過有些人認為如此有違倫理，這部分還請各位自行判斷了。

白氏樹蛙的骨骼標本（照片提供：骸屋本舖）

127

著者簡介
西沢 雅

1900年代末期於日本東京都出生。從專修大學經營學院經營學科畢業。自年幼時期開始便很喜歡釣魚、在野外採集標本，以及與各種生物接觸。就學時期曾於專賣店擔任店員，負責銷售熱帶魚、爬蟲類與兩棲類、猛禽、小動物等等。在多間專賣店工作之後，累積了許多與生物有關的知識。2009年創立網路商店Pumilio，之後又於2014年開設實體店面。自2004年開始，於專業雜誌連載兩棲類與爬蟲類的專欄，並在2009年透過動物出版社推出《守宮與蜥蜴的醫療、飲食與居住》這本著作。2011年透過株式會社Pisces出版《密林的寶石 箭毒蛙》，以及透過笠倉出版社推出《多趾虎教科書》等教科書系列。2022年則透過誠文堂新光社出版《守宮與山椒魚的完全飼養手冊》（以上書名皆為暫譯）。

【參考文獻】
・Aquarium Series《The 蛙類》
（誠文堂新光社）／田向健一
・山溪便攜圖鑑《日本蛙類＋山椒魚》
（山與溪谷社）／奧山風太郎
・AquaWave（Pisces）數本
・CREEPER（CREEPER社）數本
・兩生類・爬蟲類專門雜誌Caudata 創刊號
（書名皆暫譯）

STAFF

執筆	西沢 雅
攝影・編輯	川添 宣広
特別協力	小川 晃央、大矢 優、宮川 ゆきえ
插圖	岩本 紀順
協力	アクアセノーテ、aLiVe、エンドレスゾーン、KawaZoo、キャンドル、くろけんファーム、サウリア、高田爬虫類研究所、永井浩司、爬虫類倶楽部、プミリオ、BebeRep、松村しのぶ、ミウラ、リミックス ペポニ、レップジャパン、レプタイルストアガラパゴス、レプティリカス、わんぱーく高知アニマルランド
封面・內文設計	横田 和巳・神戸 玲奈（光雅）
企劃	鶴田 賢二（クレインワイズ）

樹蛙超圖鑑
一本掌握樹蛙特徵及飼養知識

2023 年 11 月 1 日初版第一刷發行

著　　　者	西沢 雅
攝影・編輯	川添 宣広
譯　　　者	許郁文
特 約 編 輯	劉泓葳
副 主 編	劉皓如
發 行 人	若森稔雄
發 行 所	台灣東販股份有限公司
	＜地址＞台北市南京東路 4 段 130 號 2F-1
	＜電話＞(02)2577-8878
	＜傳真＞(02)2577-8896
	＜網址＞http://www.tohan.com.tw
郵 撥 帳 號	1405049-4
法 律 顧 問	蕭雄淋律師
總 經 銷	聯合發行股份有限公司
	＜電話＞(02)2917-8022

國家圖書館出版品預行編目（CIP）資料

樹蛙超圖鑑：一本掌握樹蛙特徵及飼養知識 / 西沢
雅著；許郁文譯. -- 初版. -- 臺北市：臺灣東販
股份有限公司, 2023.11
128 面；14.8×21 公分
ISBN 978-626-379-079-7(平裝)

1.CST: 蛙 2.CST: 寵物飼養

437.39　　　　　　　　　　　　　112016111